"退"的人生智慧和处世哲学

退路决定出路

孙郡锴 / 编著

中国华侨出版社

图书在版编目（CIP）数据

退路决定出路/孙郡锴编著. —北京：中国华侨出版社，2010.1
ISBN 978 - 7 - 5113 - 0216 - 8

Ⅰ.①退… Ⅱ.①孙… Ⅲ.①人生哲学—通俗读物 Ⅳ.①B821-49

中国版本图书馆 CIP 数据核字（2010）第 010239 号

● 退路决定出路

编　　著/孙郡锴
责任编辑/文　心
经　　销/新华书店
开　　本/710×1000 毫米　1/16　印张 15　字数 200 千字
印　　数/5001-10000
印　　刷/北京一鑫印务有限责任公司
版　　次/2013 年 5 月第 2 版　2018 年 3 月第 2 次印刷
书　　号/ISBN 978 - 7 - 5113 - 0216 - 8
定　　价/29.80 元

中国华侨出版社　北京市朝阳区静安里 26 号通成达大厦 3 层　邮编 100028
法律顾问：陈鹰律师事务所
编辑部：(010) 64443056　　64443979
发行部：(010) 64443051　　传真：64439708
网　址：www.oveaschin.com
e - mail：oveaschin@sina.com

前　言

　　在当今社会,很多人都强调锐意进取,强调不达目的誓不罢休的精神。社会上确实有一些这样的人,他们无论生活还是工作很是卖力,什么事都要自己有份,都要自己占头。可实际上,他们除了从这些忙碌的生活中,获得少许充实之外,并没有给自己的生活带来什么变化。

　　努力生活,锐意进取并没有错,但如果在生活中一味地强调"进",而忽视了"退"的作用,那么就如同一个人只知道工作而不知道休息一样,只会让自己忙得要死,而忘却了生活的真谛及意义。

　　退是一种智慧,是暂时离开日常的生活,重新思考这样的生活对自己的意义,是暂时离开繁复的局面,而寻求对这种局面的解法。一些科学家,在对一个科研项目进行了各种努力仍百思不得其解时,常常会选择抛开这个问题,去好好放松。而在放松期间,却得到了问题的解法。诗人和作家也一样,据说很多诗人和作家的灵感不是从辛勤的劳作中获得的,而是从睡梦中或休闲中获得的。这就是退的智慧,退一步能使我们看得更多、更远。

　　退不仅是一种智慧,同样也是一种处世的法则,相信读者朋友对"人能百忍自无忧"、"退一步海阔天空"这样的俗语并不陌生。退,是为人处世的润滑剂,是交际应酬的诀窍,是修身自省的德性陶熔。工作

中，与同事相处，出现一些矛盾在所难免；生活中，和家人偶有不和也时常有之，处理不好，不仅让自己心情不好，还会破坏原先良好的关系，甚至带来不必要的麻烦，让自己后悔不迭。而如果能够懂得退守之道，所有问题就会迎刃而解。

适时适度的退让不只是一种高超的修养，还能体现你大度的胸怀，是一种美德和爱心，更是一种破除万难的智慧，也是一种强而有力的感化力量。退，可以避免一切的冲突、摩擦与麻烦，是人生中自我保护的良策，是自我安乐的良方。懂得退的人是大智慧者，是不为烦恼所困扰的快乐者，是知足常乐的幸福者。

退路决定出路，本书就是从人生智慧和处世哲学两个方面来诠释退守的哲学，编者撷取了古今中外众多退而求进的事例典范，同时也列举了一些不懂退守之道，一味张扬卖弄而导致失败的例子，广大读者在欣赏生动精彩案例的同时，不难体会到退的智慧。

目　录

第一章　要懂得退是人生的大境界

功业之成败，在于进，也在于退。退是一种处世的技巧，一种隐忍的功夫，一种高深的修养。如果缺乏退的技巧或修养，在人生道路上，必将会碰得头破血流。反之，前景一定光明，出路一定广阔。

退是一种大智慧 ……………………………………………… 2
退却是为了更好的前进 ……………………………………… 4
表面上的弱者才是真正的强者 ……………………………… 7
融精巧于笨拙，以屈求伸 ………………………………… 10
知退一步，需让人三分 …………………………………… 13
以和善的态度对待小人 …………………………………… 14
得意时须回首 ……………………………………………… 17
立志应高，退而处世 ……………………………………… 20
忧勤勿过，淡泊勿枯 ……………………………………… 21

第二章　以出世的心态，做入世的事情

出世的心态就是一种退让、不争的心态。具体来讲，它是通过

适度的退让与世俗的纷纷扰扰之间保持一定的距离，这样就能使我们对入世的一些事情洞析得更清晰、更透彻，从而可以用更巧妙、更圆融的方式对事情做出更为妥善、圆满的处理。

退却有时也是一种进攻的策略 ………………………………… 24
刚强易折，柔韧长存 ……………………………………… 26
随遇而安，以不变应万变 ………………………………… 29
退一步也是积极的心态 …………………………………… 31
做事不妨走曲线 …………………………………………… 33
为人处世先要学会忍 ……………………………………… 35
以柔曲的姿态前进 ………………………………………… 37
暂时的退让是为了将来直达目的地前进 ………………… 40

第三章｜懂得退路决定出路的人必懂得忍耐

古人曰："忍得一时之气，免除百日之忧。"从一定意义上来说，忍耐是一种远大的目光，是一种知退而进的法宝。它能使人在藏精蓄锐，韬光养晦中扭转窘境，打开光明之路。

忍耐是一笔宝贵的财富 …………………………………… 44
好汉宁吃眼前亏 …………………………………………… 46
小不忍则乱大谋 …………………………………………… 48
刘邦一忍得天下 …………………………………………… 51
鸡蛋不必硬碰石头 ………………………………………… 53
忍中有气量，也有力量 …………………………………… 56
忍的涵养能融进和谐，并使内心安详 …………………… 58

学会隐忍也就懂得了屈伸之道 …………………… 60
学会弯腰 ………………………………………… 62
忍一时风平浪静，退一步海阔天空 …………… 63

第四章 不用蛮劲，从幕后制胜

在生活中，常见有些人贪图表面上的风光体面，一有机会就使足了劲向前挤；而一些人却喜欢退居幕后，表面看来不露山，不露水，却在暗中谋划一切，操纵自如。

好名声让别人占 ………………………………… 68
名气大不一定好办事 …………………………… 70
主动隐身更保险 ………………………………… 72
欲求显扬先韬晦 ………………………………… 74
风紧扯呼，风松再来 …………………………… 77
让别人当出头鸟 ………………………………… 80
让白脸当主演 …………………………………… 83

第五章 不要非得与人争高下

清朝的官员张英在给家人的书信中写道："千里家书只为墙，让他三尺又何妨。万里长城今犹在，不见当年秦始皇。"在家人与邻人的互让中，留下了"六尺巷"的美谈。在我们的人生中，同样不要什么事都要与人一较高下。

培养"不争"和"无求"的心态 ………………… 86
用低姿态来保护自己 …………………………… 88

3

低头认错是大勇 ·················· 91
个性不张扬是一种智慧 ············· 92
不要显得比别人聪明 ··············· 94
发现内心的力量 ·················· 96
别逞一时之气 ···················· 99
刚柔相济，以柔克刚 ··············· 101
弱势情况下不必硬充好汉 ············ 103
骄矜的人无知，自知的人智慧 ········· 106

第六章 | 给别人退路即给自己出路

中国自古就有"君子宽于待人，严于责己"的说法。在为人处世中，让一步为高，退步即进步的张本；宽一分是福，利人是利己的根基。给别人方便也是日后给自己留下方便，给别人退路，也是给自己留有从容的退路。凡成功人士，大多深谙此道。

让步是高，宽以待人 ··············· 110
关键时刻帮人一把，人就助你一臂之力 ··· 112
要懂得容人，气量要宽厚 ············ 114
顺着对方的意图来 ················ 115
从别人的角度考虑问题 ············· 118
以退让化解麻烦 ·················· 120
学会给领导争面子 ················ 122
给别人机会，也是给自己机会 ········· 125
原谅曾经伤害过你的人 ············· 129

人至察则无友，做人不能太较真 ……………………………… 131
切忌得理不让人 ………………………………………………… 133
不要将自己的意见强加给别人 …………………………………… 136

第七章 凡事以和为贵，赚取双赢的结局

为人处世不能做什么事都想与人一较高下，其实在人生中合作的机会远远大于竞争的机会，说白了合作就是一个相互妥协和退让的过程，既然争斗不能单赢，何不以退让来谋求双赢呢，大事化小，小事化了，自己过得去，让别人也过得去，这样才是双赢的结局。

用"和"把双输变成双赢 …………………………………………… 140
防患未然，及早消除失和的隐患 ………………………………… 144
合作时要学会退步 ………………………………………………… 146
不知退，就不知进 ………………………………………………… 147
让竞争对手得到好处 ……………………………………………… 150
学会退让与分享 …………………………………………………… 154
微小让步让你成为最后的赢家 …………………………………… 156
争得有能力，让得有风度 ………………………………………… 158
巧妙地把握退让的尺寸 …………………………………………… 160

第八章 高处不胜寒，学会在急流中勇退

激流勇退，见好就收，是中国传统文化中的精髓，是人生更好立业的一大智慧。在历史上，经常有些人在仕宦之途上功成名就后而选择隐退。在人生最辉煌、最得意的时候归隐，其目的就是为了

更好地保全自己的功名。须知，能足登绝顶的固然是英雄，但那些能及时从峰顶隐退的人更是智者，更是英雄。

适时而退，彰显做人的智慧 …………………………… 164
下山的也是英雄 …………………………………………… 165
该退必须退一步 …………………………………………… 168
功大不要太气盛 …………………………………………… 170
放下功名，即可超脱 ……………………………………… 173
功成不居，急流勇退 ……………………………………… 175
不要太放纵自己的欲望 …………………………………… 177
云再高也在太阳底下 ……………………………………… 180
在功成时要学会收手 ……………………………………… 183

第九章 │ 过犹不及，凡事适可而止

世事的变化是符合规律的，即穷极必返，循环往复。人生变故也是如此，当你大富大贵时，要时不时地回头看看，当自己穷困时，要懂得努力进取，不及是大错，太过是大恶，恰到好处的便是不偏不倚的中庸之道。这正应了我国的一句俗语："做人不要做绝，说话不要说尽。"凡事都能留有退路，方可避免走向极端。特别在权衡进退得失的时候，务必注意适可而止，尽量做到见好就收。

力能则进，否则退，量力而行 …………………………… 186
凡事不能太过，太过则招致祸患 ………………………… 188
得势不要太张狂 …………………………………………… 190
今日的执著，会造成明日的后悔 ………………………… 192

物极必反，盛极必衰 ………………………………… 195
"剪掉"不需要的花蕾 ………………………………… 196
切忌借污辱小人表现清高 …………………………… 198

第十章　不能改变环境就改变自己

对个人来说，改变环境是困难的，改变自己是容易的，人应该像水一样能随着环境的改变而改变，能适时地退让或绕道而行，而不是以自己强壮的身体与环境抗争，老子说过，刚强易折，柔弱长存。一个过于强调自我的人，是不能适度地向环境妥协，不能适度、适时地改变自己的人，这样的人无法走出一个顺畅宽阔的路来。须知，改变是一种变通，是对自己的心态、思维和行为所作出的适应环境的有利调整。其目的是为了更好地达成愿望。

变则通，通则久 …………………………………… 202
换一个角度看问题 ………………………………… 204
换一种思路对待财富 ……………………………… 206
像水一样生活 ……………………………………… 208
人在矮檐下，把头低一低 ………………………… 211
改变自己，适应环境 ……………………………… 213
要有谦虚的品德 …………………………………… 216
善处下者才能丰盈 ………………………………… 219
只有适应困境才能利用困境 ……………………… 222
调整心态，把握命运 ……………………………… 224

参考文献 ……………………………………………… 227

第一章

要懂得退是人生的大境界

功业之成败,在于进,也在于退。退是一种处世的技巧,一种隐忍的功夫。一种高深的修养。如果缺乏退的技巧或修养,在人生之路上,必将会碰得头破血流。反之,前景一定光明,出路一定广阔。

退是一种大智慧

退是人生的一种大智慧，不论是为人处世，还是做学问搞科研，都要懂得退守之道。过刚则易折，在我们的人生中，如果一味地强调进取、刚强、毫不妥协，只会让自己在人生的道路上碰得头破血流；相反，如果在前进中，适当地强调退却、妥协之道，往往能步入曲线成功的捷径。

在博弈论中有一种斗鸡博弈，它说的是，两个司机在一个可能彼此相撞的过程中开车向前。每个人可以在相撞前转向一边而避免相撞，但这将使他被视为"懦夫"；他也可以选择继续向前——如果两个人都向前，那么就会出现车毁人伤的局面；但若一个人转向而另一个人向前，那么向前的司机将成为"勇士"。如果在此前你就知道对方是一个毫无顾忌的莽夫，你还选择前进的话，只能导致两败俱伤的结局，这时做一回懦夫，选择退却也是值得的。

蔺相如是赵国宦官缪贤家的门客，廉颇是赵国的大将，蔺相如因为为赵国夺回和氏璧，而被赵王拜为上卿，位在廉颇之上，而在这次和氏璧争夺战中，廉颇也立下了汗马功劳，却没有得到什么封赏。廉颇于是说："我当赵国的大将时，有攻城野战的大功劳，可是蔺相如只凭着言辞立下功劳，如今职位却比我高。况且蔺相如出身卑贱，我感到羞耻，不能忍受（自己的职位）在他之下的屈辱！"并扬言说："我碰见蔺相如，一定要羞辱他。"蔺相如听见这话，不肯和廉颇见面。相如每到上朝时，常说有病，不愿和廉颇争高低。过了些日子，蔺相如出门，远远望见廉颇，就叫自己的车子绕道躲开。

于是，他的门下客人都对相如说："我们所以离开家人前来投靠您，就是因为爱慕您的崇高品德啊。现在您和廉颇将军职位一样高，廉将军在外面讲您的坏话，您却害怕而躲避他，恐惧得那么厉害。连一个平常人也觉得羞愧，何况您还身为宰相呢！我们实在不中用，请让我们告辞回家吧！"蔺相如坚决挽留他们，说："你们看廉将军和秦王哪个厉害？"回答说："自然不如秦王。"相如说："像秦王那样威风，而我还敢在秦国的朝廷上叱责过他，羞辱他的群臣，难道单怕一个廉将军吗？但我考虑到这样的问题：强大的秦国之所以不敢发兵攻打我们赵国，只是因为有我们两人在。现在两虎相斗，势必有一个要伤亡。我之所以这样做，是因为先顾国家的安危，而后考虑个人的恩怨啊。"

廉颇听到了这些话，便解衣赤背，背上荆条，由宾客引着到蔺相如府上谢罪，说："我这鄙贱的人，不晓得宰相宽厚到这个地步啊！"

两人终于和好，成为誓同生死的朋友。

这个故事告诉我们，做事不一定非要与人争一时的高下，争一时的高下是武夫的行为。蔺相如充分认识到了秦国之所以不敢侵犯赵国是因为他们两人的存在，如果他们两虎相斗，必定会像斗鸡博弈一样两败俱伤，而且还会殃及赵国，使秦国乘虚而入，一举拿下赵国。所以，蔺相如从大局上考虑，选择了退却。

在这个世界上，拥有大智慧的人，往往是善于从退的角度考虑问题的人。

汉代公孙弘年轻时家贫，后来贵为丞相，但生活依然十分俭朴，吃饭只有一个荤菜，睡觉只盖普通棉被。就因为这样，大臣汲黯向汉武帝参了一本，批评公孙弘位列三公，有相当可观的俸禄，却只盖普通棉被，实质上是使诈以沽名钓誉，目的是为了骗取俭朴清廉的美名。

汉武帝便问公孙弘："汲黯所说的都是事实吗？"公孙弘回答道："汲黯说得一点没错。满朝大臣中，他与我交情最好，也最了解我。今

天他当着众人的面指责我，正是切中了我的要害。我位列三公而只盖棉被，生活水准和普通百姓一样，确实是故意装得清廉以沽名钓誉。如果不是汲黯忠心耿耿，陛下怎么会听到对我的这种批评呢？"汉武帝听了公孙弘的这一番话，反倒觉得他为人谦让，就更加尊重他了。

公孙弘面对汲黯的指责和汉武帝的询问，一句也不辩解，并全都承认，这是何等的智慧呀！汲黯指责他"使诈以沽名钓誉"，无论他如何辩解，旁观者都已先入为主地认为他也许在继续"使诈"。公孙弘深知这个指责的分量，采取了十分高明的一招，不作任何辩解，承认自己沽名钓誉。这其实表明自己至少"现在没有使诈"。由于"现在没有使诈"被指责者及旁观者都认可了，也就减轻了罪名的分量。公孙弘的高明之处，还在于对指责自己的人大加赞扬，认为他是"忠心耿耿"。这样一来，便给皇帝及同僚们这样的印象：公孙弘确实是"宰相肚里能撑船"。既然众人有了这样的心态，那么公孙弘就用不着去辩解沽名钓誉了，因为这不是什么政治野心，对皇帝构不成威胁，对同僚构不成伤害，只是个人对清名的一种癖好，无伤大雅。

公孙弘正是以这种以退为进的方法，为自己开脱了罪名。所以，我们在为人处世时，当进不能解决问题时，不妨多从退的角度考虑问题，这样可能会得到意想不到的结果。

退却是为了更好的前进

人生，有退也有进，退有时比进更加重要。在我们的社会里不缺乏为理想而献身的英雄，或许缺少的是那些为理想而选择了暂时逃避，忍辱负重，以求东山再起的大英雄。在困境和绝望面前，选择与敌人拼命，与敌人决一死战，往往很容易，而选择与敌人妥协，以求在适当的时机，谋求东山再起，往往是困难而具深谋远虑的。因为，在弱势中与敌人拼命结果只有一个——被敌人消灭，你永世也没有翻身的机会。而选择妥协，就是为了谋求以后的重整旗鼓，这个过程往往是长久而又需要你具有无限忍耐精神的。

相信大家对越王勾践灭吴的故事并不陌生。当时勾践已被吴王的士兵重重围困，勾践也准备与吴王拼了，却在谋士范蠡的万般劝说下，勾践选择了向吴王称臣，并亲自带着夫人去侍奉吴王，为吴王更衣、洗脚，做了奴仆应该做的事；勾践甚至为了验证吴王是否生病，亲自去尝吴王的大便，这一连串忍辱负重的行为，终于感动了吴王，后来，吴王对勾践放松了警惕，放勾践回国。勾践通过卧薪尝胆，最终重振国家经济和军事，趁吴国空虚之时一举灭了吴国，并称霸中原。

在绝境中选择退让是具有大智慧的。勾践在吴越争霸中之所以能取得胜利，除了他具有忍辱负重的精神外，更重要的是他具有谋划大事的智慧和能力。试想，如果勾践只知道一味地忍辱负重，而不去谋划怎样能获得吴王的信任，进一步用美人、财宝去迷惑吴王，他能顺利回国吗？回国后，如果不谋求国家经济和军事的强盛，他也没有灭吴的实力。另外，对这场战争时机的把握，也体现了勾践的智慧，即选择在吴国北上争霸，国中空虚之时，进攻吴国。这些无不体现了退中的大智慧，退是为了更好的前进。

德国在1940年5月10日开始进攻西欧。当时英国、法国、比利时、荷兰、卢森堡拥有147个师，300多万军队，兵力与德国实力相当。但法国战略呆板保守，固守长线，只把希望寄托在他们自认为固若金汤的马其诺防线上，对德国宣而不战。在德法边境上，只有小规模的互射，没有进行大的战役，出现了历史上有名的"奇怪的战争"。

然而，德军没有攻打马其诺防线，他们首先攻打比利时、荷兰和卢

森堡，并绕过马其诺防线、从色当一带渡河入法国。德国法西斯的铁蹄不久又踏入荷兰、比利时、卢森堡。5月21日，德军直趋英吉利海峡，把近40万英法联军围逼在法国北部狭小地带，只剩下敦刻尔克这个仅有万名居民的小港可以作为海上退路。形势万分危急，敦刻尔克港口是个极易受到轰炸机和炮火持续攻击的目标。如果四十万人从这个港口撤退，在德国炮火的猛烈袭击下，后果不堪设想。英国政府和海军发动大批船员，动员人民起来营救军队。他们的计划是力争撤离三万人。对于即将发生的悲剧，人们怨声载道，争吵不休。然而，他们虽然猛烈抨击政府的无能和腐败，却仍然宁死不惧地投入到撤离部队的危险中去。于是出现了驶往敦刻尔克的奇怪的"无敌船队"。这支船队中有政府征用的船只，但更多的是自发前去接运部队的民船。他们没有登记过，也没有接到命令，但他们有比组织性更有力的东西，这就是不列颠民族征服困难的精神。

这一切都辉映在红色的背景中，这是敦刻尔克在燃烧。没有谁去扑火，也没人有空去救火……到处是地狱般可怕的喧闹场，德军不停地开炮，炮声轰轰，火光闪闪，天空中充满嘈杂声、高射炮声、机枪声……人们不可能正常说话，在敦刻尔克战斗过的人都有了一种极为嘶哑的嗓音。这嗓音成了一种荣誉的标记，被称为"敦刻尔克嗓子"。这支杂牌船队就在这样危险的情形下，在一个星期左右时间里，救出了三十三万五千人。

这就是举世震惊的奇迹——敦刻尔克大撤退。

准确的说，敦刻尔克大撤退并不是一次战役，甚至可以说，是在德军的穷追猛打之下被逼无奈的逃亡之举，但正是这一逃亡，为盟军保存了日后反攻的主力、为将德意日法西斯最终送上断头台奠定了基础。

或许敦刻尔克大撤退的决定刚刚做出的时候，会有大量的军人表示不解，甚至反对。在他们观念中，战斗，乃至是死亡，才是一名优秀军人的真正归宿。他们没有错，但有的时候，退却却是为了更好的前进，为了取得更加辉煌的胜利。

当然，蒙哥马利在扭转敦刻尔克大撤退的困局中，起到了扭转乾坤的作用，虽然他当时仅仅是一名不为人知的师长，但历史给了他一个宝贵的机会，而他没有因为职位的低下而碌碌无为，相反凭借自己的才华抓住了这一机会，所以才成就了自己，成就了历史。英雄的真正意义或许就在于此吧。

退却是为了更好的前进，退却是不退缩，它是为了更深入的前进。退却是暴风雨来临之前短暂的平静，在这个短暂的平静中酝酿着更庞大、更猛烈的进攻计划。退是在你实力不具备时暂时的躲藏，是在躲藏中保存实力，以图在适当的时机东山再起！

表面上的弱者才是真正的强者

退作为一种圆融，一种高深有着很深的内涵。有些人看上去平平常常，甚至还给人"窝囊"不中用的弱者印象，但这样的人并不可小看。有时候，越是这样的人，越是在胸中隐藏着高远的志向抱负，而他这种表面"无能"，正是他心高气不傲、富有忍耐力和成大事讲策略的表现。这种人往往能高能低、能上能下，具有一般人所没有的远见卓识和深厚城府。

刘备一生有"三低"最著名，正是这种"低"，奠定了他王业的基础。一低是桃园结义。与他在桃园结拜的人，一个是酒贩屠户，名叫张飞；另一个是在逃的杀人犯，正在被通缉，流窜江湖，名叫关羽。而他，刘备，皇亲国戚，后被皇上认作皇叔，却肯与他们结为异姓兄弟，他这一来，两条浩瀚的大河向他奔涌而来，一条是五虎上将张翼德，另一条是儒将武圣关云长。刘备的事业，从这两条河开始汇成汪洋。

二低是三顾茅庐。为一个未出茅庐的后生小子，前后三次登门求见。不说身份名位，只论年龄，刘备差不多可以称得上长辈。这长辈喝了两碗那晚辈精心调制的闭门羹，毫无怨言，一点都不觉得丢了脸面，连关羽和张飞都在咬牙切齿，这又一低，使一条更宽阔的河流汇入他宽阔的胸怀，从而得到了一张宏伟的建国蓝图，一个千古名相。

三低是礼遇张松。益州别驾张松，本来是想卖主求荣，把西川献给曹操，曹操自从破了马超之后，志得意满，骄人慢士，数日不见张松，见面就要问罪。后又向他耀武扬威，引起对方讥笑，又差点将其处死。刘备派赵云、关云长迎候于境外，自己亲迎于境内，宴饮三日，泪别长亭，甚至要为他牵马相送。张松深受感动，终于把本打算送给曹操的西川地图献给了刘备。这再一低，西川百姓汇入了他的帝国。

最能显示出刘备与曹操二者的处世交际差别的，要算他俩对待张松的不同态度了：一高一低，一慢一敬，一狂一恭。结果，高慢狂者失去了统一中国的最后良机，低敬恭者得到了天府之国的川内平原。

在这个故事中，刘备胸怀大志，却平易近人礼贤下士，慢慢成就了自己的基业。与之相反，曹操心高气傲，目中无人，白白丢掉了富饶的天府之国，并且还因此耽误了统一中国的大计。单从这一点上看，刘备是真英雄，虽然他没有所谓的气势架子；而曹操则一副狂妄之态，傲气冲天，耀武扬威。他因此吃了大亏，其实一点都不冤。

一个人，无论你已取得成功还是尚未出师下山，其实都应该谨慎平稳，不惹周围人不快；尤其不能得意忘形狂态尽露。特别是年轻人初出茅庐，往往年轻气盛，在这方面尤其应当注意。因此心气决定着你的形态，形态影响着你的事业。

一位书法大师带着徒弟去参观书法展。他们站在一幅草书前，大师

摇头晃脑地一个字一个字地往下读，突然卡壳了，因为那个字写得太草了，大师一时也认不出来。正左想右想之时，徒弟笑道："那不就是'头脑'的'头'嘛！"

大师一听就变了脸色。他怒斥道："轮得到你说话吗？"

这个徒弟显然是有才的，但也显然是不懂心高不可气傲这一道理的。这次惹火了师父，大师以后能不能喜欢他就很难说了。

相反一个博士生论文答辩之后，指导教授对他很客气地说："说实在话，这方面你研究了这么多年，你才是真正的专家，我们不但是在考你，指导你，也是在向你请教。"

博士则再三鞠躬说："是老师指导我方向，给我找机会。没有老师的教导，我又能怎么表现呢。"

本来，能赢得指导教授的肯定和赞美是一件多么值得骄傲的事啊，但博士生没有因此得意洋洋，而是谦逊地感谢导师，无疑这种得体的表现会赢得众教授的好感，于他只会有益而不会有害。

在古代，皇帝御驾亲征的时候，即使正与敌人对阵的将军，可以一举把敌人击溃，不必再劳动皇帝，但是只要听说御驾要亲征，就常常按兵不动。一定等着皇帝来，再打着皇帝的旗号，把敌人征服。

这按兵不动，可能姑息养奸，让敌人缓口气，从而可能造成很大的损失，为什么不一鼓作气，把他打下来呢？

此外，御驾亲征，劳师动众，要浪费多少钱财？何不免掉皇帝的麻烦，这样不更好吗？

如果你这么想，那就错了，错得可能有一天莫名其妙地被贬了职，甚至掉了脑袋。你要想想，皇帝御驾亲征是为什么？他不是"亲征"，是亲自来"拿功"的啊！所以就算皇帝只是袖手旁观，由你打败敌人，你也得高喊"吾皇万岁万万岁！"都是皇上的天威，震慑了顽敌。

所以说，懂得胜不骄、居功不傲的人是真正懂生活、会做事的人，他们会因此而成为强者,这样的人使前途变得平坦,这样的人能笑到最后。

融精巧于笨拙,以屈求伸

一个人再聪明也不宜锋芒毕露,不妨装得笨拙一点;即使非常明白也不宜过于表现,宁可用谦虚来收敛自己。志节很高也不要孤芳自赏,宁可随和一点;在有能力时也不宜过于激进,宁可以退为进,这才是真正安身立命、高枕无忧的处世法宝。

南朝刘宋王朝的开国皇帝宋武帝刘裕临死托孤给司空徐羡之、中书令傅亮、领军将军谢晦、镇北将军檀道济。并告诫太子刘义符,在这些人中,最难驾驭的是谢晦,应对他加以小心。刘裕是有作为有识见的开国皇帝。但不幸的是,一没选好继承人,二没有完全正确估计这几位顾命大臣。

刘裕死后,其长子刘义符即皇帝位,史称营阳王。刘裕的次子名义真,官南豫州刺史,封庐陵王。刘裕的第三个儿子名义隆,封宜都王,即后来的南朝宋文帝。刘义符做上皇帝后,不遵礼法,行为荒诞得令人啼笑皆非。徐羡之在刘义符即位两年后,准备废掉刘义符另立皇帝。按刘义符的行为,废掉他是理所应当的。但徐羡之等人因为怀有私心,贪权恋位,谋权保位,竟把事情做绝,伏下了杀身之祸。

要废掉刘义符,就得有别人来接替皇帝的班。顺序该是刘义真,但刘义真和谢灵运私交好,谢灵运则是徐羡之的政敌。为了不让刘义真当上皇帝,徐羡之等人挖空心思,先借刘义符的手,将刘义真废为庶人。接着,徐羡之、傅亮、谢晦、檀道济、王弘五人合力,发动武装政变,废掉了刘义符，以皇太后的名义封刘义符为营阳王。

更糟糕的是，还没等新皇帝即位，徐羡之和谢晦竟主谋分别将刘义符、义真先后杀死。他们拥立的新皇帝是刘义隆。刘义隆面临的是控制朝廷大权的、杀死自己两个哥哥的几个主凶。新皇帝当时正在江陵郡（今湖北江陵）。徐羡之派傅亮等人前往迎驾。徐羡之这时又藏了个心眼，恐怕新皇帝即位后将镇守荆州重镇的官位给他人，赶紧以朝廷名义任命谢晦做荆州刺史、行都督荆湘七州诸军事，想用谢晦做自己的外援，将精兵旧将全都分配给了谢晦。这样刘义隆面临着是否回京城做皇帝的选择。听到营阳王、庐陵王被杀的消息，刘义隆的部下不少人劝他不要回到吉凶莫测的京城。只有他的司马王华精辟中肯分析了当时的形势，认为徐羡之、谢晦等人不会马上造反，只不过怕庐陵王为人精明严苛，将来算旧账才将他杀死。现在他们以礼来相迎，正是为了讨您欢心。况且徐羡之等五人同功并位，谁也不肯让谁，就是有谁心怀不轨，也因其他人掣肘而不敢付诸行动。殿下只管放心前往做皇帝吧！于是刘义隆带着自己的属官和卫兵出发前往建康，果然顺利做上了皇帝，但朝廷实权仍在徐羡之等人手中。

刘义隆先升徐羡之等人的官，徐羡之进位司徒；王弘进位司空；傅亮加"开府仪同三司"，即享受和徐羡之、王弘相同的待遇；谢晦进号卫将军；檀道济进号征北将军。同时认可徐羡之任命的谢晦做荆州刺史。谢晦还害怕刘义隆不让他离京赴任，但刘义隆若无其事地放他出京赴荆州。谢晦离开建康时，以为从此算是没有危险了，回望石头城说："今得脱危矣。"

刘义隆当然也不动声色地安排了自己的亲信，官位虽不高，但侍中、将军、领将军等要职都由他的亲信充任，从而稳定自己皇帝的地位。

第二年，即宋文帝元亮二年（公元425年）正月，徐羡之、傅亮上

表归政，即将朝政大事交由宋文帝刘义隆处理。徐羡之本人走了一下请求离开官场回府养老的形式，但几位朝臣认为，这样不妥，徐羡之又留下了。后人评论认为这几位主张挽留徐羡之继续做官的人，实际上加速了徐羡之的死亡。

当初发动政变的五个人中，王弘一直表示自己没有资格做司空，推让了一年时间，刘义隆才准许他不做司空，只做车骑大将军、开府仪同三司。直到这一年年底，宋文帝刘义隆才准备铲锄徐羡之等人。因惧怕在荆州拥兵的谢晦造反，先声言准备北伐魏国，调兵遣将。在朝中的傅亮察觉出事情不对头，写信给谢晦通风报信。

宋文帝元嘉三年（公元426年）正月，刘义隆在动手之前，先通报情况给王弘，又召回檀道济，认为这两个人当初虽附和过徐羡之，但没有参与杀害刘义符、刘义真的事，应区别对待，并要利用檀道济带兵去征讨准备在荆州叛乱的谢晦。

正月丙寅（公元426年2月8日），刘义隆在准备就绪后，发布诏书，治徐羡之、傅亮擅杀两位皇兄之罪。同时宣布对付可能叛乱的谢晦的军事措施。就在这一天，徐羡之逃到建康城外二十里的叫新林的地方，在一陶窑中自缢而死。傅亮也被捉住杀死。谢晦举兵造反，先小胜而后大败，逃亡路上被活捉，后被杀死。至此，宋文帝刘义隆由藩王而进京做上皇帝，由有名位无实权到做上名副其实的皇帝，最后顺利锄掉杀"二王"的一伙权臣。

做人不必过于暴露锋芒，要善于潜藏，要善于韬光养晦，男子汉大丈夫能屈能伸，方能成就大业。以守为攻，以退为进，同样能把主动权掌握在手里，胜券在握，深藏不露才是人生的真正智慧。

知退一步，需让人三分

人间世情变化不定，人生之路曲折艰难，充满坎坷。在走不通的地方，要知道退让一步、让人先行的道理；在走得过去的地方，也一定要给予人家三分的便利，这样才能逢凶化吉，一帆风顺。

明朝万历年间，在江苏长洲地方，有一位姓尤的老翁开了个当铺，有好多年了，生意一直不错。某年年关将近，有一天尤翁忽然听见铺堂上人声嘈杂，走出来一看，原来是站柜台的伙计同一个邻居吵了起来。伙计连忙上前对尤翁说："这人前些时典当了些东西，今天空手来取典当之物，不给就破口大骂，一点道理都不讲。"那人见了尤翁，仍然骂骂咧咧，不认情面。尤翁却笑脸相迎，好言好语地对他说："我晓得你的意思，不过是为了度过年关。街坊邻居，区区小事，还用得着争吵吗？"于是叫伙计找出他典当的东西，共有四五件。尤翁指着棉袄说："这是过冬不可少的衣服。"又指着长袍说："这件给你拜年用。其他东西现在不急用，不如暂放这里，棉袄、长袍先拿回去穿吧！"

那人拿了两件衣服，一声不响地走了。当天夜里，他竟突然死在另一人家里。为此，死者的亲属同那人打了一年多官司，害得别人花了不少冤枉钱。

这个邻人欠了人家很多债，无法偿还，走投无路，事先已经服毒，知道尤家殷实，想用死来敲诈一笔钱财，结果只得了两件衣服。他只好到另一家去扯皮，那家人不肯相让，结果就死在那里了。

后来有人问尤翁说："你怎么能有先见之明，容忍这种人呢？"尤翁回答说："凡是蛮横无理来挑衅的人，他一定是有所恃而来的。如果

13

在小事上不稍加退让，那么灾祸就可能接踵而至。"人们听了这一席话，无不佩服尤翁的见识。

中国有句格言："忍一时风平浪静，退一步海阔天空。"不少人将它抄下来贴在墙上，奉为处世的座右铭。这句话与当今商品经济下的竞争观念似乎不大合拍，事实上，"争"与"让"并非总是不相容，反倒经常互补。在生意场上也好，在外交场合也好，在个人之间、集团之间，也不要一个劲"争"到底，退让、妥协、牺牲有时也很必要。而从个人修养和处世之道角度讲，让则不仅是一种美好的德性，而且也是一种宝贵的智慧。

以和善的态度对待小人

对待心术不正的小人，要做到对他们严厉苛刻并不难，难的是不去憎恶他们；对待品德高尚的君子，要做到对他们恭敬并不难，难的是遵守适当的礼节。

杨炎与卢杞在唐德宗时一度同任宰相，卢杞的爷爷是唐玄宗时的宰相卢怀慎，以忠正廉洁而著称，从不以权谋私，清廉方正，是位颇受时人敬重的贤相。他的父亲卢奕也是一位忠烈之士。卢杞在平日里不注意衣着吃用，穿着很朴素，吃的也不讲究，人们都以为他有祖风，没有人知道卢杞则是一个善于揣摩上意、很有心计、貌似忠厚、除了巧言善辩别无所长的小人。

与卢杞同为宰相的杨炎，是中国历史上著名的理财能手，他提出的"两税法"对缓解当时中央政府的财政危机立下了汗马功劳。后来的史学家评论他说："后来言财利者，皆莫能及之。"可见杨炎确实是个干练之才，受时人的尊重和推崇。此外，杨炎与卢杞在外表上也有很大不同，杨炎是个美髯公，仪表堂堂，卢杞脸上却有大片的蓝色痣斑，相貌奇丑，形象琐屑。

然而，博学多闻，精通时政，具有卓越政治才能的杨炎，虽然有宰相之能，性格却过于刚直。特别是对卢杞这样的小人，他压根儿就没放在眼里。两人同处一朝，共事一主，但杨炎几乎不与卢杞有丝毫往来。按当时制度，宰相们一同在政事堂办公，一同吃饭，杨炎因为不愿与卢杞同桌而食，便经常找个借口在别处单独吃饭，有人趁机对卢杞挑拨："杨大人看不起你，不愿跟你在一起吃饭。"

因相貌丑陋内心自卑的卢杞自然怀恨在心，便先找杨炎手下亲信官员的过错，并上奏皇帝。杨炎因而愤愤不平，专门找卢杞质问道："我的手下人有什么过错，自有我来处理，如果我不处理，可以一起商量，你为什么瞒着我暗中向皇上打小报告！"弄得卢杞很下不来台。于是，两个人的隔阂越来越深，常常是你提出一条什么建议，明明是对的我也要反对；你要推荐那个人，我就推荐另一个人。他们总是较着劲、对着干。

卢杞与杨炎结怨后，千方百计谋图报复。他深知自己不是进士出身，又面貌奇丑，才干更是无法与杨炎相比，但他极尽阿谀奉承之能，逐渐取得了唐德宗的信任。

不久，节度使梁崇义背叛朝廷，发动叛乱，德宗皇帝命淮西节度使李希烈前去讨伐，杨炎不同意重用李希烈，认为此人反复无常，对德宗说："李希烈这个人，杀害了对他十分信任的养父而夺其职位，为人凶狠无情，他没有功劳都傲视朝廷，不守法度，若是在平定梁崇义时立了功，以后就更不可控制了。"

然而，德宗已经下定了决心，对杨炎说："这件事你就不要管了！"谁知，刚直而不懂得以退为进的杨炎并不把德宗的不快放在眼里，还是

一再表示反对用李希烈，这使本来就对他有点不满的德宗更加生气。

不巧的是，诏命下达之后，赶上连日阴雨，李希烈进军迟缓，德宗又是个急性子，就找卢杞商量。卢杞看到这是扳倒杨炎的绝好时机，便对德宗皇帝说："李希烈之所以拖延徘徊，正是因为听说杨炎反对他的缘故，陛下何必为了保全杨炎的面子而影响平定叛军的大事呢？不如暂时免去杨炎宰相的职位，让李希烈放心。等到叛军平定以后，再重新起用，也没有什么大关系！"

这番话看上去完全是为朝廷考虑，也没有一句伤害杨炎的话。德宗皇帝果然信以为真，就听信了卢杞的话，免去了杨炎的宰相职务。就这样，只方不圆的杨炎因为不愿与小人同桌就餐而莫名其妙地丢掉了相位。

从此，卢杞独掌大权，杨炎可就在他的掌握之中了，他自然不会让杨炎东山再起的，便找茬儿整治杨炎。杨炎在长安曲江池边为祖先建了座祠庙，卢杞便诬奏说："那块地方有帝王之气，早在玄宗时代，宰相萧嵩就曾在那里建立过家庙，因为玄宗皇帝曾到此地巡游，看到此处王气很盛，就让萧嵩把家庙改建在别处了。如今杨炎又在此处建家庙，必定是怀有篡权夺位的谋反野心！近日长安城内到处传言：'因为此处有帝王之气，所以杨炎要据为己有，这必定是有当帝王的野心。'"

什么？杨炎有"谋反篡位"之心？岂能容之！于是，在卢杞的鼓动之下，勃然大怒的德宗皇帝，便以卢杞这番话为借口，将杨炎贬至崖州（今海南省境内）司马，随即下旨于途中将杨炎缢杀。

君子不畏流言不畏攻讦，因为他问心无愧。小人看你暴露了他的真面目，为了自保，为了掩饰，他是会对你展开反击的。也许你不怕他们的反击，也许他们也奈何不了你，但你要知道，小人之所以为小人，是因为他们始终在暗处，用的始终是不法的手段，而且不会轻易罢手。别说你不怕他们对你的攻击，看看历史的血迹吧，有几个忠臣抵挡得过奸

臣的陷害?

所以，还是不同小人一般见识为好，内方外圆地和他们保持距离，在一定的范围内能让则让，不必过于刚直，嫉恶如仇地和他们划清界限，不必不分场合地把他们也需要的自尊和面子完全撕尽。

得意时须回首

得意时须回首，意思是告诫人们在顺畅或得到恩惠时，应保持清醒，不能忘乎所以地迷念或陶醉其中。正如不要功高震主，而应知功成身退等，如此，人生才能完美，仕途才能坦荡。反之，则会导致另一结局。

孙武在历史上的主要事迹发生在吴国。按道理，他应该留在自己的家乡齐国发展才是，可是具有隐士之风的他可能看不惯齐国内部的尔虞我诈、争名逐利的争斗，遂毅然离开了父母之邦。孙武到达吴国之时，吴国正值一个多事之秋。吴王阖闾是位胸有大志、意欲有所作为的君主。他想使吴国崛起，首要的打击目标就是既是近邻也是强邻的楚国。只有打击了楚国，吴国才有出头之日。就这样，阖闾的意图与受到楚平王迫害从而全家被杀的伍子胥不谋而合，遂决意对楚一战。面对强大的楚国，伍子胥也没有把握必胜，于是他找到了隐居于吴的孙武，认为有了他的帮助，灭楚报仇不成问题。

就这样，伍子胥先后七次向吴王阖闾推荐孙武，盛赞孙武之文韬武略，认为若不攻楚便罢；若要兴师灭楚，孙武首当其选。

就这样，吴王决定召见孙武。晤谈之下，孙武将他的兵法十三篇与吴王娓娓道来。吴王阖闾还算是个明白人，一闻之下连声道好。两人越谈越投机，不知不觉十三篇兵法都讲完了。

吴王立马决定用孙武为将，筹备伐楚。

公元前506年，楚国派兵包围了蔡国都城上蔡。蔡人拼命抵抗，并联合唐国，向吴国求救。

于是，这年冬天，吴王以孙武、伍子胥为将，其弟夫概为先锋，亲率大军进攻楚国。按照孙武早已筹划好的布局，大军6万乘船从水路直抵蔡都，楚将囊瓦见吴军势大，不敢迎敌，慌忙退守汉水之南岸，蔡围遂解。蔡、唐遂与吴军合兵一处，向楚国进发。

吴军迅速地通过大隧、直辕、冥厄这三个险要的关隘，如神兵自天而降，突然出现在汉水之北岸。楚军统帅囊瓦乱成一团，攻守不定。先听人献计分兵去烧吴师舟楫，主力坚守不出，而后又下令渡江决战。于是率三军渡过汉水，于大别山列阵以待吴军。孙武令先锋队勇士300余人，一概用坚木做成的大棒装备起来，一声令下，先锋队杀入楚阵挥棒乱打，这种非常规的战法一下子打得楚军措手不迭，阵式全乱，吴军大队掩杀过来，楚军大败。

初战得胜，众将皆来相贺。孙武却说："囊瓦乃斗屑小人，一向贪功侥幸，今日受小挫，可能会来劫营。"乃令吴军一部埋伏于大别山楚军进军必经之路，又令伍子胥引兵5千，反劫囊瓦营寨，并令蔡、唐军队分两路接应。

再说囊瓦那边，果然派出精兵万人，人衔枚、马去铃，从间道杀出大别山，来劫吴军大营。不用说，楚军此番劫营反遭了孙武的道，被杀得丢盔弃甲，三停人马去了两停。好容易脱难逃回，营寨又让吴军劫了，只好引着败兵，一路狂奔到柏举，方才松了一口气。这时楚王又派来援兵，可援兵将领与囊瓦不和，两个各怀一心，结果被吴军先锋夫概一阵冲杀，囊瓦军四散逃命，囊瓦本人也逃到郑国去了。

这时吴军已进逼楚都郢城。楚昭王倾都城之兵出战。两军最后决

18

战,又被孙武设计用奇兵大败。吴军直捣郢都,大获全胜。

此次伐楚,虽然没能最终灭掉楚国,但强大的、一直令中原诸国寝食不安的楚国,这次居然让向来被人看不起的蛮夷之邦吴国攻破国都,这件事本身就够震惊天下的了。从此楚国长时间一蹶不振,难有作为,吴国则开始了它的霸王生涯。

破楚凯旋,论功当然孙武第一,但是孙武非但不愿受赏,而且执意不肯再在吴国掌兵为将,下决心归隐山林。吴王心有不甘,再三挽留,孙武仍然执意要走。吴王乃派伍子胥去劝说,孙武见伍子胥来了,遂屏退左右,推心置腹地告诉伍子胥说:"你知道自然规律吗?夏天去了则冬天要来的,吴王从此会仗着吴国之强盛,四处攻伐,当然会战无不胜,不过从此骄奢淫逸之心也就冒出来了。要知道功成身不退,将有后患无穷。现在我非但要自己隐退,而且还要劝你也一道归隐。"

可惜伍子胥并不以孙武之言为然。孙武见话不投机,遂告退,从此,飘然隐去,不知所终。

后来,果如孙武所料,吴王阖闾与夫差两代,穷兵黩武,不恤国力,最后养虎贻患,栽在越王勾践手下,身死国灭。而那个不听孙武劝告的伍子胥却早在吴国灭亡之前就被吴王夫差摘下头颅,挂在了城门上。

得意时早回头,失败时别灰心,这是人们根据长期生活积累而得到的经验之谈。尤其是第一句话,其含义很深。在封建社会,有"功成身退"的说法,因为"功高震主者身危,名满天下者不赏"、"弓满则折,月满则缺"、"凡名利之地退一步便安稳,只管向前便危险"都说明了"知足常乐,终生不辱,知止常止,终身不耻"。权力最能腐化人心,而人们由于贪恋名利,往往会招致身败名裂的悲剧下场。而从做人角度看,得意时更要谨慎,不骄不躁。

立志应高，退而处世

立志应该高远，处世应该谦让。如果不能树立高的目标，就如同在灰尘中抖衣服，在泥水中洗脚一样，怎么能够做到超凡脱俗呢？为人处世方面，如果不退一步着想，就像飞蛾投入烛火中，公羊用角去抵藩篱一样，怎么会有安乐的生活呢？

卓茂是西汉时宛县人，他的祖父和父亲都当过郡守一级的地方官，自幼他就生活在书香门第中。汉元帝时，卓茂来到首都长安求学，拜在朝廷任博士的江生为师。在老师指点下，他熟读《诗经》、《礼记》和各种历法、数学著作，对人文、地理、天文、历算都很精通。此后，他又对老师江生的思想细加揣摩，在微言大义上下苦功，终于成为一位儒雅的学者。在他所熟悉的师友学弟中，他的性情仁厚是出了名的。他对师长，礼让恭谦；对同乡同窗好友，不论其品行能力如何，都能和睦相处，敬待如宾。

卓茂的学识和人品备受称赞，丞相府得知后，特来征召，让他侍奉身居高位的孔光，可见其影响之大。有一次卓茂赶马出门，迎面走来一人，那人指着卓茂的马说，这就是他丢失的。卓茂问道："你的马是何时丢失的？"那人答道："有一个多月了。"卓茂心想，这马跟着我已好几年了，那人一定搞错。尽管如此，卓茂还是笑着解开缰绳把马给了那人，自己拉着车走了。走了几步，又回头对那人说："如果这不是你的马，希望到丞相府把马还给我。"过了几天，那人从别的地方找到了他丢失的马，便到丞相府，把卓茂的马还给他，并叩头道歉。

一个人要做到像卓茂那样，的确是不容易的。这种胸怀，不是一时一事方能造就的，它是在长期的熏陶、磨炼中逐渐形成的。俗话说，退一步不为低。能够退得起的人，才能做到不计个人得失，才能站在更高的境界，才能与人和睦相处。

忧勤勿过，淡泊勿枯

忧勤是美德，太苦则无以适性怡情；淡泊是高风，太枯则无以济人利物。尽心尽力去做事本来是一种很好的美德，但是过于认真心力交瘁，使精神得不到调剂就会丧失生活乐趣；把功名利禄都看得淡本是一种高尚的情操，但是过分清心寡欲而冷漠，对社会大众也就不会有什么贡献了。

陶渊明不为五斗米折腰，采菊东篱，种豆南山，精神上是够幸福的。但他作为理智的性情中人，更应懂得一生隐忍之道，如此，或许也能实现一定的抱负，并且不用为温饱而发愁了。

陶渊明几次出仕，当的都是小官吏。以他的个性来说，绝不可能巧取豪夺。既然打算要隐退，总得要为日后的衣食作打算，作些物质的准备才行。因此，陶渊明费尽周折谋取到了离家不远的彭泽令的职务。这次做官的目的就是"聊欲弦歌，以为三径之资"。他还打算将公田全部种上粳米，用来酿酒备饮。但是，他的妻子反对全部田地种上粳米，劝他也要种些粮食，陶渊明才决定五十亩种秫、五十亩种粳米，以实现他"吾尝醉于酒足矣"的美好打算。这次赴任正好赶上岁末，有位督邮前来视察，旁人提醒他应该穿戴好官服毕恭毕敬，陶渊明一听就心里不满，督邮算什么东西？我怎么能为五斗米折腰呢？恰在这时，他妹妹病故了，借此机会，他就奔丧去了，彭泽县便成了他仕途中的最后一站。

他从二十九岁起出仕，到四十一岁归隐田间，前后共十三年。在这十三年中，仕与隐的矛盾始终交织并贯穿始终，而且越往后斗争越激烈，东篱采菊，种豆南山，一个"猛志逸四海"的有理想、有抱负、慷慨激昂的青年，最后还是痛苦地"觉今是而昨非"。

陶渊明虽然向往林泉之趣的淡泊生活，但他要考虑到生计温饱问题，"吾尝醉于酒足矣"，艺术同生活的矛盾确实需要调和。

什么事情都讲究适度的原则。"富贵于我如浮云"，心境也就自然平静清凉，如此无忧无虑该是何等飘逸潇洒。不过什么事都不要走极端，假如以淡泊为名而忘记对社会的责任，忘记人间冷暖以至自我封闭就不对了，甚至演变为不管他人瓦上霜而自私自利，就会被人视为没有公德没有责任感甚至有害于社会，这样就会被社会大众所唾弃。勤于事业，忙于职业是美德，是一种敬业精神，但如果陷于事务圈而不能自拔，如果因无谓的忙碌而心力交瘁失去自我，一样是不足取的。

第二章

以出世的心态，做入世的事情

　　出世的心态就是一种退让、不争的心态。具体来讲，它是通过适度的退让与世俗的纷纷扰扰之间保持一定的距离，这样就能使我们对入世的一些事情洞析得更清晰、更透彻，从而可以用更巧妙、更圆融的方式对事情做出更为妥善、圆满的处理。

退却有时也是一种进攻的策略

退让的智慧告诉我们，做人不要太过于自我表现，凡事都要与人一争高下。老子在《道德经》中强调：人不执著于自我表现，所以能明于道；不自以为是，所以能明辨是非；不自我夸耀，所以能成功；不自我尊大，所以能够长进。因为不汲汲于名而与人争，所以天下没有人能把他作为对立面而与他争。这讲述的其实就是退让之道。

世间的事物总是相对的，有时候处处与人相争，只会落得两败俱伤，一无所得。而退让一步，不与人争，表面上看是吃了亏，但实际上这恰是反退为进的策略。

有则寓言说：一天，一只狮子和一只老虎在一条只能让一人通过的山路上相遇，下边是绝壁悬崖。这老虎与狮子向来都自认为是兽中之王的，互不买账。这会儿狭路相逢，两个你看我，我看你，谁也没有退回去让对方先过去的意思。老虎心想，要是我一让开，这事被其他动物知道了，我这兽中之王不是从此威风扫地了！要是和狮子硬拼，且不说能否胜它没有把握，就是这么陡峭的山路，只要自己一动，落地不稳就意味着自取灭亡……狮子也在想，过去你这老虎总与我争夺兽中王位，我还没好好教训你，今日狭路相逢，我岂能示弱，否则我这百兽之王的名声算是白给了。

可怜这两个愚笨的家伙为了争一时之气，互不相让，最后谁都挨不住了，就放手大动干戈。才一个回合，就双双坠入悬崖之中，两命呜呼了！

有人可能会说，这因为是兽类不懂得人间道理，才至于此。其实，

我们生活中有好多人也并不比老虎、狮子聪明到哪里去！该忍的不忍，该让的不让，逞一时之英豪，最后危及己身。

可惜的是，真正能醒悟和运用这句话的人很少。在名利权位面前，人们忘乎所以，一个个像乌眼鸡似的，恨不得你吃了我，我吃了你。可到头来，这些争得你死我活的精明人，大都落得个遍体鳞伤、两手空空，有的甚至身败名裂、命赴黄泉。

西汉末年，冯异全力辅佐刘秀打天下。一次，刘秀被河北五郎围困时，不少人背离他去，冯异却更加恭事刘秀，宁肯自己饿肚子，也要把找来的豆粥、麦饭进献给饥困之中的刘秀。河北之乱平定后，刘秀对部下论功行赏，众将纷纷邀功请赏，冯异却独自坐在大树底下，只字不提饥中进贡食物之事，也不报请杀敌之功。人们见他谦逊礼让，就给他起了个"大树将军"的绰号。尔后，冯异又屡立赫赫战功，但凡以功论赏，他都退居廷外，不让刘秀为难。

公元26年，冯异大败赤眉军，歼敌8万人，使对方主力丧失殆尽，刘秀驰传玺书，要论功行赏，"以答大勋"，冯异没有因此居功自傲，反而马不停蹄地进军关中，讨平陈仓、箕谷等地乱事。嫉妒他的人诬告他，刘秀不为所惑，反而将他提升为征西大将军，领北地太守，封阳夏侯，并在冯异班师回朝时，当着公卿大臣的面，赐他以珠宝钱财，又讲述当年豆粥、麦饭之恩。令那些为与冯异争功而进谗言者，羞愧得无地自容。

再讲个有关老百姓自己的故事。古时江南有一个大家族，老爷子年轻时是个风流种，养了一大群妻妾，生下一大堆儿子。眼看自己一天比一天老了，他心想：这么大一个家当总得交给一个儿子来管吧。可是，管家的钥匙只有一把，儿子却有一大群。于是，儿子们斗得你死我活，不亦乐乎。这时，只有一个儿子默默地站在一边，只帮老爷子干事，从不参与争斗。争来斗去，老爷子终于想明白了，这把钥匙交给这群争吵的儿子中的任何一个，他都会管不好。最后，老爷子将钥匙交给了不争

的那个儿子。

《菜根谭》中说:"路径窄处,留一步与人行;滋味浓时,减三分让人尝。此是涉世一极安乐法。"这话的意思是说谦让的美德。它告诫人们在道路狭窄之处,应该停下来让别人先行一步,有好吃的东西不要独食,要拿一部分与人分享。如果你经常这样想,经常这么做,那你的人生就会快乐安详。所谓谦让的美德也绝非一味地让步,要知道,世间的事物总是相对的,有时候你是让了一步,退了一步,但这可能就是你的进步。即使终身的让步,也不过百步而已。也就是说,凡事表面上看起来是吃亏了,但事实上由此获得的必然比失去的多。

刚强易折,柔韧长存

刚强的人,表面上看来,容易成事,但这种不成功便成仁的作风是无法长久的,就算取得成功,也会使自己损失很大;而柔和的人是在退却与忍让中与人争斗,这是一种柔性的战斗,往往比刚性的更持久,更具有韧性,这样更容易接近成功的彼岸。

老子在《道德经》中也说过:个性过于坚强的人,就是走向死亡的人,个性柔弱的人就是能生存的人。所以用兵过强,反而不会胜利,木过强硬则容易断掉。强大之个性,想要居人上,反过来就败在人下,柔弱自守之人,反过来就高居在上。

老子所参悟的"过刚的易衰,柔和的长存"似乎与所罗门的智慧之语"柔和的舌头能折断百骨"不谋而合。绳锯木断,水滴石穿也是这个道理。生命的质量不在于它的硬度而在于它的韧性,鲁迅生前最推崇的就是坚韧的精神。"韧"字的含义是:百折不挠,勇往直前。人如果没有一股韧劲，干什么都不会成功。

有这样一个故事，商容是殷商时期一个学问很深的人。在他病危之际，老子来到他的床前问道："老师还有什么要教诲弟子的吗？"商容张开嘴让老子看，然后说："你看到我的舌头还在吗？"

老子大感不解地说："当然还在。"商容又问："那么我的牙齿还在吗？"老子说："全都落光了。"商容目不转睛地注视着老子说："你明白这是什么道理吗？"老子沉思了一会儿说："我想这是过刚的易衰，而柔和的长存吧？"商容点头笑了笑，对他这个杰出的学生说："天下的许多道理几乎全都在其中了。"后来，老子不是在千古名著《道德经》里尽心宣扬柔道克刚的宗旨吗？

你知道拿破仑在滑铁卢一役中是被谁打败的吗？答案是英国的威灵顿将军。这位打败英雄的英雄并不只是幸运而已，他也曾尝过吃败仗的滋味，并且多次被拿破仑的军队打得落花流水。

最落魄的一次，威灵顿将军几乎全军覆没，落荒而逃，迫不得已，只好在一个破旧的柴房里藏身。

在饥寒交迫中，他突然想起自己的军队已经被拿破仑打得七零八落，伤亡惨重。这样还有什么脸面去见江东父老呢？万念俱灰之下，他只想一死了之。

正当他心灰意冷的时候，忽然看见墙角有一只正在结网的蜘蛛。一阵风吹来，网立刻被吹破了，但是蜘蛛并没有就此停下来，它再接再厉，努力吐丝，立刻开始重新结网。

好不容易快要结成时，又一阵大风吹来，网又散开了。蜘蛛毫不气馁，转移阵地又开始编织它的网。

像是要和风比赛一样，蜘蛛始终没有放弃。风越大，它就织得越勤奋。等到它第七次把网织好以后，风终于完全停止了。

威灵顿将军看到了这一幕后思潮汹涌，不禁有感而发：一只小小的

蜘蛛都有勇气对抗大自然这个强大的劲敌，何况自己一个堂堂的将军，更应该奋战到底，怎能因为一时的失败就丧失了斗志呢？

于是，威灵顿将军坦然接受了失败的事实，并且重整旗鼓。苦心奋斗了八年之久，最后在滑铁卢之役一举打败拿破仑，一洗当年的耻辱。

威灵顿将军赢就赢在坚忍不拔的品格上。如果说，世界上有一种药能够救人于失魂落魄的境地中，那么这剂药的名字就叫"坚韧"。

在一本书里曾有过这样一段文字：你是鸡蛋还是胡萝卜？假设鸡蛋和胡萝卜是两个人，他们同时面临着被水煮这个困境，而他们的反应是不一样的。鸡蛋被水煮过之后蛋清与蛋黄凝固，比先前还要硬。而胡萝卜却没有了先前的脆而被软所代替。物犹如此，人何以堪？

富兰克林说："有耐心的人，无往而不利。"耐心就是一种坚韧，需要特别的勇气，需要不屈不挠，坚持到底的精神。这里所谓的耐心是动态而非静态的，主动而不是被动的，是一种主导命运的积极力量。这种力量就是坚持以一种几乎是不可思议的执著，投入到既定的目标中，才具有人生的价值。

人的一生如果过于顺利，就如温室里的花朵一样，虽然也能绽放艳丽，但却缺乏一种源于大自然、经历风吹雨打后展现出的生命力。世间万物只有经过大自然狂风暴雨的洗礼和锤炼后，才能诞生出旺盛的生命力。人生也是如此，当一个人处身于逆境之中，若能坚强地忍受一切的不如意，甚至于磨难，而后仍屹立不倒，他便是强者！

生活就像是一场现场直播的演出，你没有任何选择的余地，你可能无数次地被命运之手推拒在主场之外，因此你的激情没有了，曾经的笑脸也没有了……在生活的惯性思维中，你开始变得沉默和妥协。慢慢地，你的棱角被磨平了，淹没于人海了。只有保持一种特别的坚韧，才能让我们的生活更美好，更有意义。

记得米兰·昆德拉曾说过："生活，是持续不断地沉重努力，为的

是不在自己眼中失落自己。"作为人,只有坚韧地承受着各种失意和寂寞,才能不迷失自己,才能笑到最后,也才能笑得最好!

随遇而安,以不变应万变

人生的际遇变化莫测,不如意事十常八九。人生际遇并不是个人力量可以左右的,唯一能使我们不觉其拂逆的办法就是保持坦然的心境,让自己随遇而安。

"风来疏竹,风过而竹不留声;雁过寒潭,雁去而潭不留影。故君子事来而心始现,事去而心随空。"这是古人对随遇而安的解释。意思是说,人遇到事情时,会本能地有所反应,事情过后又恢复原来的安静。当进而不进,是自暴自弃,应退而不退,是不知自量。

古语说:"伸缩进退变化,圣人之道也。"纵观古今历史,一个在事业上有所成就的人,必定是一个善于驾驭时势的人。顺时驭势与一成不变、墨守成规相对立,它的含义是,要按照变化了的、发展了的情况灵活机动地处理问题。

不要无限制地追求那些不现实的、得不到的东西。正如卢梭所说的那样:"人啊,用你的生活限制于你的能力,你就不会痛苦了。"一切理想都要植根于现实这块肥沃的土壤中。

庄子指出:"穷亦乐,通亦乐。"这是什么意思呢?所谓穷是指不顺利,通是指顺利。庄子认为,凡事顺应境遇,不去强求,才能过上自由安乐的生活。这是一种顺应命运、随遇而安的人生态度。无论顺境或是逆境,人都应该保持一种乐观的生活态度。

"安时而处顺,哀乐不能入也"。这句话的意思是,能够安于时代潮流、遵循自然法则的人，悲哀和欢乐就不会占据他的内心。这是一种自然的生活方式。有一些人为了出人头地、达到自己的目标，往往不顾一切，拼命去争取。而一旦遭到挫折或打击，往往会意志消沉，一蹶不振。这是一种不可取的生活态度。

庄子告诉我们说：要在无为中有为，首先就是顺应事态发展，于己一身可得安全，于事情本身却可有利。

孔子在陈国与蔡国交界的地方受困了，7天揭不开锅。他敲着枯枝，唱起神农时代的歌谣来。虽然他敲打得没有节奏，歌声也没有旋律，但敲打枯枝与近于念叨的声音，朴实沉重，听的人感到亲切，很合大家的心情。

颜回很恭敬地听着，头却扭过来望着孔子。孔子怕他自己宽慰以至妄自尊大，自我爱惜而又至于忧伤沮丧，便告诫他："颜回，不受自然之伤害倒容易，不受人为的好处却难了。没有哪一个不开始就是结局，人为和自然其实是一致的。知道这些，就知道我的歌唱了！"

颜回便说："什么是不受自然之害易？"

孔子说："饥饿干渴，寒暑冷热，穷困不通，这都是天地气运变化，我们只能顺着适应。比如为臣的不能违逆君命，何况对待天地气运呢？顺其自然，便无损伤了。"

"什么叫做不受人为的好处难呢？"

"有的人一开始就百事亨通，有钱有势，后来的好事跟着源源不断。其实这样的好处，并非自身争取所得，而是运气，是别人双手送上的。君子不做强盗，贤人不当小偷，不属于我的不要，而我偏去得到，为什么呢？打比方说，鸟儿中燕子最聪明，对于不适宜它安居的地方，它不会多看一眼；即使口中食物掉在那地方，它也会头也不回地飞离。它害怕人，却必定在人家里做窝，这是它认为命根子在人的房屋里。命定的好运不可违逆，顺着罢。"

环境常有不尽如人意的时候，问题在个人怎样面对拂逆和不顺。知道人力不能改变的时候，就不如面对现实，隐忍退让。与其怨天尤人，徒增苦恼，不如因势利导，适应环境，由既有的条件中，尽自己的力量和智慧去发掘前景。

退一步也是积极的心态

积极进取的心态是可贵的，但是有的时候，只知进不知退是绝对不行的。退一步，往往你会发现海阔天空。这，无疑也是一种积极心态。

就如我们不可能让世界上的所有人都满意一样，我们的生活不可能处处都是鲜花，我们的成功之路也不可能一帆风顺，我们也不可能事事都比别人强。

那么，在我们的人生不是一帆风顺的时候，在我们的人生出现一些挫折的时候，在我们的面前不都是鲜花的时候，我们该怎么办？

这时候，不妨后退一步，你会发现海阔天空，人生照样美好，天空依然晴朗，世界仍是那么美丽。

1. 做生意，原本想肯定能赚一百万，由于种种原因，最后只有十万到手。这样的时候，你后退一步：毕竟没有赔钱。当然了，你得好好总结一下，那九十万是怎么未到手的。

2. 公司里人事调整，你原想自己这次肯定升职，可宣布各部门人选的时候，你侧着耳朵听也没听到老板念你的名字。这时候，你先别生气，后退一步：毕竟没有被炒鱿鱼。然后想自己为什么没有被提拔，如果的确不是你的错，那就是老板没长一双慧眼，没发现你这颗珍珠，那损失的是老板而不是你。让他遗憾去吧！

3. 单位里职称评定，你差一点就评上了。可惜的确可惜，但再可惜也没用了。这时候，你后退一步：这次差一点，下次就一点不差了。那么，回去再努力一年。这一年，你有可能做出了惊天动地的成绩。

4. 被公司老板给炒了。这肯定不如你炒他心里那么痛快，老板炒你肯定有他的理由，但你别去问，一问显得你没劲。你后退一步：毕竟只是被老板炒了，而不是被坏人杀了，只要大脑在，双手在，天下的老板多的是，老天爷还饿不死瞎眼的家雀呢。实在不行了，自己做老板。

5. 做股票，这只股票本来可以赚5万元，由于贪心，只赚了5000元。你别光骂自己蠢，后退一步：毕竟还赚了5000元，而不是赔了5000元。下次不要再太贪心就是了。要是这次赔了5000元，也后退一步：毕竟只赔了5000元，而不是全赔了进去，下次不犯类似的错误，再赚回他5万元就得。

6. 生病。已经生病了，心情肯定不会很好，但心情不好对你身体的恢复只有坏处没有好处，因而尽量使自己不要沉溺在不良情绪中不能自拔，后退一步：毕竟只是生病，那就趁这个机会好好休息一阵，平时难得有这样的机会。

人生在世，不如意的事情肯定会有，因为世界毕竟不是你一个人的世界，造物主尽量要公平一些，不可能把所有的好事都摊到你的头上，也要适当考验考验你，看看你在不顺的时候会是一种什么样子。如果你反应过激，他还会继续考验你，直到你能以一种平和的心态去看待、对待一时的不顺或者挫折。

以一种平和的心态去看待人生的不顺和挫折，并非是一种消极的心态。在有时候，你后退一步，寻找到一种海阔天空的人生境界，这也是一种积极的心态。起码，它教你认识了生活，认识到人生不会一帆风顺，然后，就逼着你去学习在遇到不顺和挫折的时候，去怎样对待人生，对待挫折，对待你自己。

做事不妨走曲线

不同问题应以不同措施去处理,做事没有必要直来直去,很多时候直来直去肯定是最简单、也是最容易碰钉子的做法。因此,生活中,你在处理具体事时,当走直线处处碰壁时,不妨退而求其次,变换一种方法,适当走走曲线,往往就能收到柳暗花明的效果。

三国时,刘备在四川当皇帝,碰上天旱——夏天长久不下雨,为了求雨,乃下令不准私人家里酿酒,就如现在政府命令,不准屠宰一样。命令下达,执行命令的官吏,在执法上就发生了偏差,有的在老百姓家中搜出制酒的器具来,也要处罚。老百姓虽然没有酿酒,而且只搜出以前用过的一些制酒工具,怎么可算是犯法呢?但是执行的坏官吏,一得机会,便"乘时而驾",花样百出,不但可以邀功求赏,而且可以借故向老百姓敲诈、勒索。报上去说:某人家中,搜到酿酒的工具,必须要加以处罚,轻则罚金,重则坐牢。虽然刘备的命令并没有说搜到酿酒的工具要处罚,可是天高皇帝远,老百姓有苦无处诉,弄得民怨处处,可能会酝酿出乱子来。简雍是刘备的妻舅。有一天,简雍与刘备两郎舅一起出游,顺便视察,两人同坐在一辆车子上,正向前走,简雍一眼看到前面有个男人与一个女人在一起走路,机会来了,他就对刘备说:这两个人,准备奸淫,应该把他俩捉起来,按奸淫罪法办。"刘备说:"你怎么知道他们两人欲行奸淫?又没有证据,怎可乱办呢!"简雍说:"他们两人身上,都有奸淫的工具啊!"刘备听了哈哈大笑说:"我懂了,快把那些有酿酒器具的人放了吧。"这又是"曲则全"的一幕闹剧。

当一个人发怒的时候，所谓"怒不可遏，恶不可长"。尤其是古代帝王专制政体的时代，皇上一发了脾气，要想把他的脾气堵住，那就糟了，他的脾气反而发得更大，不能堵的，只能顺其势——"曲则全"——转个弯，把它化掉就好了。这其实就是退让的好处。

春秋时代的齐景公，算是历史上的一位明主。他拥有历史上第一流政治家晏子——晏婴当宰相。当时有一个人得罪了齐景公，齐景公乃大发脾气，抓来绑在殿下，要处以"肢解"的刑罚。晏子听了以后，把袖子一卷，装得很凶的样子，拿起刀来，把那人的头发揪住，一边在鞋底下磨刀，做出一付要亲自动手杀掉此人的样子。然后慢慢地仰起头来，他向坐在上面发脾气的景公问道："报告皇上，我看了半天，很难下手，好像历史上记载尧、舜、禹、汤、文王等这些明王圣主，在肢解杀人时，没有说明应该先砍哪一部分才对？请问皇上，对此人应该先从哪里砍起？"齐景公听了晏子的话，立刻警觉，自己如果要做一个明王圣主，又怎么可以用此残酷的方法杀人呢！所以对晏子说："好了！放掉他，我错了！"这又是"曲则全"的另一章。

晏子当时为什么不跪下来求情说："皇上！这个人做的事对君国大计没有关系，只是犯了一点小罪，何必杀他呢！"如果晏子是这样为他求情，那就糟了，可能火上加油，此人非死不可。他为什么抢先拿刀，要亲自充当刽子手的样子？因为怕景公左右有小人，听到主上要杀人，拿起刀来就砍，这个人就没命了。他身为大臣，抢先一步，拿着刀，揪着头发，表演了半天，然后回头问皇帝，从前那些圣明皇帝要杀人，先向哪一个部位下手？我不知道，请主上指教是否是一刀刀地砍？意思就是说，你怎么会是这样的君主，会下这样的命令呢？但他当时不能那么直谏，直话直说，反使景公下不了台阶，弄得更糟，所以他便用上"曲则全"的谏劝艺术了！

我们做每件事都不可能顺顺利利地完成，总会遇到各种各样的麻

烦。这时候,既然前行不能通过,倒不如绕个弯,往往会收到不一样的效果。

为人处世先要学会忍

荒山上有两块一模一样的石头,三年后其中的一块被做成英雄的雕像立在市中心,受人景仰,而另一块则被当作垫脚石铺在了雕像的下面。有一天垫脚石发起了牢骚:"我们当年都是一样的,为什么你现在高高在上,我却要被人踩踏,太不公平了!""啊,老弟,这么说可不对呀!"石头雕像开了口,"还记得三年前吗?一个工匠要用刻刀、斧头雕刻你,你却不答应。而我,则忍受了一刀刀的疼痛才有了今天;如果你憎恨现在的样子,当初为什么不忍一忍呢?"

还有俗话说:心字头上一把刀,一事当前忍为高。忍作为一种处世的学问,对于普通人来说是绝对不可缺少的,因为生活中我们会同形形色色的人打交道,也并不是所有的人在所有的时候都谦恭讲理的。

在公共汽车上一个红头发的男青年往地上吐了一口痰,被乘务员看到了,对他说:"同志,为了保持车内的清洁卫生,请不要随地吐痰。"没想到那男青年听后不仅没有道歉,反而破口大骂,说出一些不堪入耳的脏话,然后又狠狠地向地上连吐三口痰。那位乘务员是个女孩,此时气得面色涨红,眼泪在眼圈里直转。车上的乘客议论纷纷,有为乘务员抱不平的,有帮着那个男青年起哄的,也有挤过来看热闹的。大家都关心事态如何发展,有人悄悄说快告诉司机把车开到公安局去,免得一会儿在车上打起来。没想到那位女乘务员定了定神,平静地看了看那位男青年,对大伙说:"没什么事,请大家回座位坐好,以免摔倒。"一面

说，一面从衣袋里拿出手纸，弯腰将地上的痰迹擦掉，扔到了垃圾桶里，然后若无其事地继续卖票。看到这个举动，大家愣住了。车上鸦雀无声，那位男青年的舌头突然短了半截，脸上也不自然起来，车到站没有停稳，就急忙跳下车，刚走了两步，又跑了回来，对乘务员喊了一声："大姐！我服你了。"车上的人都笑了，七嘴八舌地夸奖这位乘务员不简单，真能忍，不声不响就把浑小子治服了。

这位女乘务员的确很有水平。她面对辱骂，如果忍不住与那位男青年争辩，只能扩大事态；与之对骂，又损害了自己的形象；默不作声，又显得太沉闷了。她请大家回座位坐好，既对大伙儿表示了关心，又淡化了眼前这件事，缓解了紧张的空气；她弯腰若无其事地将痰迹擦掉，这种忍让与退后，就是以无声的语言教育这位男青年，让他从内心上感到这种行为的不可取性，这要比与男青年争吵，从而让男青年屈服于自己，收到的效果更好，更直接。

可见，忍作为一种处世艺术，确实可以起到"一忍制百辱"的作用。

另外，在跟你的朋友、长辈、领导相处时，你也必须学会忍让。因为对朋友你不可能事事据理力争——尽管有时他们确实很无理；长辈和领导有时可能会因为误解或其他原因批评、指责你。这种情况很正常，不要急于辩解，认为自己无比委屈，因为中国自古以来就有尊老、尊上的习俗，许多人都是在忍让和服从中"熬成婆"的，这样想你就会舒服多了。

当你面对指责欲望和权力欲望极强的领导时，要学着把握下列一些"忍"学经验：

（1）学会洗耳恭听，认真听懂老板的每一句话，在老板发布命令的过程中不要自以为聪明地加入自己的主观理解。

（2）称呼老板时，要把名称一字不落地称呼全，而且要态度恭敬谦逊。不要显得勉为其难或语含讥讽，即使他或她只是一个副职，也要把"副"字去掉。

（3）避免一些亲昵行为，比如拍拍老板的肩膀、后背，这会使对方认为你意存狎亵、心存不敬，从而使你寸步难行。

（4）即使你已经做得非常出色，也不要居功自傲，要时刻注意功劳的大部分都是老板的，是老板的英明决策造就出你的非凡成绩。

总之忍是理智的抉择，忍是一种暂时的退后，是成熟的表现，更是应对无理之人的不二法门。

以柔曲的姿态前进

老子在他的《道德经》里说："曲则全，枉则直，洼则盈，敝则新，少则得，多则惑。"

这意思是说：能柔曲的因而能自我保全，懂得纠正的便能变直，能低洼凹陷的则能自我充盈，懂得护守现成的稳定则能得到真正的逐渐更新，索取少则能得到更多，索取多则反而导致自身的混乱迷惑。

道家是能出世也能入世的，有体有用。"曲则全"也好，"枉则直"也好，都是极其实用的生活智慧。

"曲则全"便是做人处世与自利利他之道。为人处事，善于运用巧妙的曲线，便可事事大吉了。换言之，做人要讲艺术，便要讲究曲线的美。比如说要批评别人，直接指责那别人当然受不了，可是如果换种口气，说得委婉一些，那么对方接受起来就容易多了。所以，直道而行是好事，可是适当情况下走走曲线是更有帮助的。

历史上"曲则全"的例子很多，比如汉武帝乳母的故事。

据说汉武帝有个奶妈，从小带大他，两个人感情十分深厚。奶妈因为皇帝是自己带大的，有靠山，所以在外面常常做些犯法的事情，"尝于外犯事"。后来汉武帝知道了，大概是有人去告了状，也可能是奶妈犯的法太大了，于是准备把她依法严办。奶妈只好求救于东方朔。

东方朔教奶妈一个办法，说："你切勿求皇上饶恕你，这件事情只用嘴巴来讲是没有用的。等皇上下令要办你的时候，会叫人把你拉下去，你什么都不要说，只要走两步便回头看看皇上，不断地回头看他。切记，什么求饶的话都不要说，喂皇上吃奶的事更不要提，否则一定会人头落地。如果按照我教你的方法去做，或许还有希望保全你。"

于是，奶妈就照着东方朔的吩咐，在汉武帝要法办她的时候，走一两步，就回头看看皇帝，鼻涕眼泪直流。东方朔站在旁边说："老太婆，你还看什么看啊？皇帝已经长大了，还要靠你喂奶吃吗？你就快滚吧！"东方朔这么一讲，汉武帝听了很难过，想起了从前奶妈的种种好处，毕竟是从小被她给带大的，现在要把她绑去砍头，心里实在不忍。于是"帝凄然，即赦免罪"。

这便是"曲则全"的艺术。

如果东方朔直接去向汉武帝求情，汉武帝就会更加生气，甚至可能会怀疑东方朔同奶妈有不法的往来，连东方朔也一起抓起来查办。可是东方朔设的这个计策，用不着直接求情，皇上自己就后悔了，也不会怪东方朔与奶妈有往来。而且当皇上的，特别是汉武帝这样"穷兵黩武"，很有个人主张的，尤其讨厌被臣子所左右，所以东方朔用这种方式还可以把恩惠算在皇上身上，不至于让皇上反感自己被臣子的意见所左右。

"枉则直"，歪的东西把它纠正过来，就变成直的了。但是如果纠正太过，又会变成弯曲的，所以有"矫枉过正"的成语。

晏婴有一次对曾子说："车轮虽然是圆的，可是却是用山上的木头做成的，木头可是直的啊。这是因为有好的工匠把直的木头拿来加工，使之变成弯曲的圆，中规中矩。木头的本身虽然有枯槁的地方，或者是有结疤鼓出来，或者是有个地方凹下去，这都是缺点。可是经过木工的雕凿，这些缺点就都没有了，便可发出坚强的作用来。所以说，要学会做一个君子，便要谨慎小心，致力学问修养，一天一天慢慢地琢磨成器，如同木工做车轮一样，慢慢地雕凿，平常看不出效果，等到东西做成功了，效果就出来了，到这时候，才看出成绩。"这就是告诉曾子，人生的学问、道德、修养，不是一下做得好的，想一蹴而就是不可能的。可见想要"枉则直"是需要时间的，是要慢慢琢磨的，不能妄想着一下就达到效果，否则可能会适得其反。

洼则盈，低洼的地方水才会聚积；敝则新，有上才有下，有旧才有新。少则得，索取少则能得到更多；多则惑，索取多则反而导致自身的混乱迷惑。人生是一个自我磨炼，自我完善的过程，几十年的时间，前面一段不懂世事，后面一段干不了事，剩下能干事的就是中间一段。这正是青年到壮年的宝贵时间，若不能把握，就一瞬即逝，万事成蹉跎。

年轻人总会遇到一些挫折、一些困惑，也总会获得一些机会、一些收获。最忌讳的是，在挫折时浮躁，在收获时浅薄。浮躁和浅薄都不能成事业。

比如说，大学生刚毕业的时候找工作，有的人便一心只想进入那些大企业、大公司，认为只有在那里自己的能力才能得到充分的发挥，才能学到更多的东西。可是大公司人人想进，那些进不去的怎么办？不得已选了小公司，然后还要唉声叹气，认为自己是大材小用、明珠暗投，一边漫不经心地上班，一边寻找机会跳槽。

这样的人不在少数。可是这样的人其实很傻。

诚然，大公司、大企业因为实力强大，制度完备，所以有着良好的培训机制，对于人员的锻炼也很重视。可是它们的缺点也同样显而易

见：公司里人才济济，刚毕业的学生有几人能在其中崭露头角呢？那么多的精英分子都在等待上位，轮到毕业生的时候只怕几年的时间都过去了。

而小企业、小公司里人才没有那么多，如果毕业生有较强的实力，老板往往会拿你当个宝。而且因为人员较少，晋升的空间大、时间短。或许别人在大公司里还只是一个普通业务员的时候，你在小公司里已经是部门经理独当一面了。

当然，这需要你能够静下心来，不骄不躁，小公司里能学习的东西也同样很多——洼则盈啊。当你的要求不那么高时，能把自己的位置摆低，真诚地去学习，那么就会"少则得"，因为虚心而获得更多。

这是对于那些妄想一步登天的人们的一个小小的建议，由此也可以看出道家思想对于入世的实际意义。

暂时的退让是为了将来直达目的地前进

为了追求更高的目标做出一些退让是作为善于变通之人的成熟表现。以退为进要随机应变，反应迅速，以便挽回劣势，反败为胜。

五祖弘忍大师很懂得进退之道，在《坛经》里记载着，五祖弘忍大师自从发现六祖惠能决定传衣钵给他之后，就一直在暗地里传授佛法给惠能，后来又偷偷地传衣钵给他。

有人可能会很不了解这件事情，其实事情很简单，如同《坛经》上说的"衣为争端"，弘忍大师生怕六祖因此而遭受劫难，所以告诫惠能"汝须速去，恐人害汝"。然而，值得一提的是，传衣钵的事情本来是很光明正大的，为什么五祖弘忍大师却要做得如此神秘，还要六祖在拿到衣钵之后赶紧逃跑呢？

其实并非弘忍大师怕事，而是他的采取了一种"以退为进"的智谋，较之鲁莽行事尤胜一筹，才使得禅宗得以在六祖惠能手中发扬光大。

进退之道本该如此——以退为进，不退焉有进。五代时期著名的禅师布袋和尚曾做过一首诗偈，将进退的关系表现得淋漓尽致——

手把青秧插满田，低头便见水中天。

心地清净方为道，腿部原来是向前。

此偈中说的不论是"低头"，还是"退步"，都非常符合水田插秧的实际，又皆契合人生的禅悟之道。

要知道，人若在平视时，目光或为树障，或为山遮，难得及远，而"低头"插秧时，眼为之明，心为之静，而插秧之倒着走有如"退步"，实际上却是一种向前。

龙虎寺的住持无德禅师，请人来为龙虎寺画一幅壁画，要求这幅壁画须以龙虎为主题。

当壁画草拟的时候，僧人都感觉壁画不太理想，但是又说不出所以然。无德禅师看罢之后，指点道："壁画中的龙前探身躯，而虎则是高昂虎头，威风确实威风，不过却缺少了摄人心魄的力度。为什么呢？因为龙要攻击的时候，先要弯曲自己的脖子积蓄能量；而虎要攻击之前，都是弓起脊背才能发动致命一击。"大家都为无德禅师的评论所叹服。

无德禅师把话锋一转，接着说道："其实修道的道理也是一样的，只有先把自己的欲望收缩回来，才会真正产生前进的动力。"

古代智者指出的这个奥妙，不知今天还会有多少人能够领悟？

从处理事务的步骤来看，退却是进攻的第一步。现实中常会见到这样的事，双方争斗，各不相让。最后小事变为大事，大事转为祸事，这样往往导致问题不能解决，反而落得个两败俱伤的结果。其实，如果采取较为温和的处理方法。先退却一步，使自己处于比较有理有利的地位。待时机成熟，便可以退为进，成功地达到自己的目的了。

何为退呢？即当形势对我军不利时，如果全力攻击也可能不奏效时，就应采取退却的方法。军事家指出学会退却的统帅是最优秀的统帅，战而不利，不如早退，退却是为了更有力的进攻。

李渊任太原留守时，突厥兵时常来犯，突厥兵能征善战，李渊与之交战，败多胜少，于是视突厥为不共戴天之敌。一次，突厥兵又来犯，部属都以为李渊这次会与突厥决一死战，可李渊却是另有打算，他早就欲起兵反隋，可太原虽是军事重镇，却不是号令天下之地，而又不能离了这个根据地。如果离太原西进，则不免将一个孤城留给突厥。经过这番思考，李渊派刘文静为使臣，向突厥称臣，书中写道："欲大举义兵，远迎圣上，复与贵国和亲，如文帝时故例。大汗肯发兵相应，助我南行，幸勿侵虐百姓，若但欲和亲，坐受金帛，亦惟大汗是命。"

唯利是图的始毕可汗不仅接受了李渊的妥协，还为李渊送去了不少马匹及士兵，增强了李渊的战斗力。而李渊只留下了第三子李元吉固守太原，由于没有受到突厥的侵袭，李渊得以不断从太原得到给养。终于战胜了隋炀帝杨广，建立了大唐王朝。而唐朝兴盛之后，突厥不得不向唐朝乞和称臣。

唐高祖李渊以退为进，为自己的雄心大志赢得了时间。如果不采取这种妥协方法，李渊外不能敌突厥之犯，内不能脱失守行宫之责，其境险矣，妥协一时而成了大业。

现代社会中，"以退为进"表现自我也不失为一种良好的方法。

第三章

懂得退路决定出路的人必懂得忍耐

古人曰:"忍得一时之气,免除百日之忧。"从一定意义上来说,忍耐是一种远大的目光,是一种知退而进的法宝。它能使人在藏精蓄锐,韬光养晦中扭转窘境,打开光明之路。

忍耐是一笔宝贵的财富

"小不忍则乱大谋",这句话在民间极为流行,甚至成为一些人用以告诫自己的座右铭。的确,这句话包含有很深的智慧,即有志向、有理想的人,不会斤斤计较个人得失,更不会在小事上纠缠不清。所谓"忍得一时之气,免却百日之忧。"正是退路决定出路的重要内容之一。

那么,到底要忍什么?

苏轼在《留侯论》中说:"忍小忿而就大谋。"这是忍匹夫之勇,以免莽撞闯祸而败坏大事。

忍小利而图大业。这是"毋见小利。见小利,则大事不成。"

忍辱负重。勾践忍不得会稽之耻,怎能卧薪尝胆,兴越灭吴?韩信受不得胯下之辱,哪能做得了淮阴侯?

因此,在中国传统的观念里,忍耐是一种美德。这一观点尽管与现代这种竞争社会似乎不合拍,但是,很多学者已经发现,中国传统文化里许多东西都没有过时,相反,其中的学问博大精深,如果运用于现代人的生活,必将使人们受益匪浅。其中,忍耐就大有学问,忍耐包括很多种。当与人发生矛盾的时候,忍耐可以化干戈为玉帛,这种忍耐无疑是一种大智慧。

唐代著名高僧寒山问拾得和尚:"今有人侮我,冷笑我,藐视我,毁我伤我,嫌我恨我,则奈何?"拾得和尚说:"子但忍受之,依他,让他,敬他,避他,苦苦耐他,装聋作哑,漠然置他,冷眼观之,看他如何结局?"这种忍耐里透着的是智慧和勇气。

三国时,诸葛亮辅佐刘备在祁山攻打司马懿,可司马懿就是不出来应战。诸葛亮用尽了一切手段，极尽所能地侮辱司马懿，但司马懿对诸葛亮的侮辱总是置之不理。总之，司马懿就是不出来与诸葛亮交锋。等到诸葛亮的粮食吃完了，不得不退兵回蜀国，战争就这样结束了。诸葛亮六次出兵祁山，每次都是无功而返。司马懿之所以不战而胜，就是因为退而忍之。

与别人发生误会时的忍耐，那只是一时的容忍，比较容易做到。难得的是在漫长时间里，忍受着各种各样的折磨，而只为完成心中的理想。这种忍耐力是难能可贵的，但也是做人最应该拥有的一种能力。

有人说，忍耐就是一种妥协。其实，妥协不是简单地让步，而是在知己知彼的基础上达成了一种共识。不管是生活，还是工作，退让或妥协都不仅仅是为了"家和万事兴"、"安定团结"，而且还隐藏着一种坚持，这种坚持实际上就是一种坚定的决心。

大庭广众之中，众目睽睽之下，如果互相谩骂攻击，不仅有伤风化，使你斯文扫地，还破坏了社会的文明形象。当然，有时要做到忍，也的确不易。虽然忍耐是让人痛苦的，但最后的结果却是甜蜜的。因此，遇事要冷静，要先考虑一下后果，本着息事宁人的态度去化解矛盾，我们就不至于为了一些鸡毛蒜皮的小事而纠缠不清，更不会使矛盾升级扩大。

人生很多时候都需要忍耐，忍耐误解，忍耐寂寞，忍耐贫穷，忍耐失败。持久的忍耐力体现着一个人能屈能伸的胸怀。人生总有低谷，有巅峰。只有那些在低谷中还能坦然处之的人，才是真正有智慧的人。走过低谷，前面就是海阔天空。回过头来，那些在低谷里忍耐的日子，那些在苦难中挣扎的日子，那些在寂寞里执著的日子，反而都会显得弥足珍贵。

好汉宁吃眼前亏

　　好汉要吃眼前亏的目的是为了留得青山，要以吃眼前亏来换取其他的利益，如果因为不吃眼前亏而蒙受巨大的损失或灾难，甚至把命都弄丢了，那还有什么意义呢？

　　可以假设这样一个情况：你开车和别的车擦撞，对方只是"小伤"，甚至可以说根本不算伤，可是对方车上下来四个彪形大汉，各个横眉竖目，围住你索赔，眼看四周荒僻，也无公用电话，更不可能有人对你伸出援助之手。请问，你要不要吃"赔钱了事"这个亏呢？你当然可以不吃，如果你能"说"退他们，或是能"打"退他们，而且自己不会受伤。如果你不能说又不能打，那么看来也只有"赔钱了事"了。因为，"赔钱"就是"眼前亏"，你若不吃，换来的可能是更大的损失。所以说："好汉要吃眼前亏"，因为"眼前亏"不吃，可能要吃更大的亏。

　　当一个人实力微弱、处境困难的时候，也就是最容易受到打击和欺侮的时候。在这种情况下，人们的抗争力最差，如果能避开大劫也算很幸运了。假如此时面对他人过分的"待遇"最好是"退一步海阔天空"，先吃一下眼前亏，立足于"留得青山在，不怕没柴烧"，用"卧薪尝胆，待机而动"作为忍耐与发奋的动力。

　　当然，这里我们所说的吃眼前亏，应把握好以下行为界限：其一，目的应该是为了渡过难关，克服别人给你制造的麻烦，以免影响你的正事；其二，这种信念所针对的麻烦应是对抗性的矛盾和冲突，而不是那些鸡毛蒜皮的小事；其三，着眼于远大目标，致力于成就大事，而不能采取卑鄙的报复行为；第四，这种信念的价值就在于以暂时之吃亏换取长久的利益。

汉初名将韩信年轻时家境贫穷，他本人既不会溜须拍马，又不会投机取巧，更不会买卖经商。整天只顾研读兵书，最后，连一天两顿饭也没有着落，他只好背上祖传宝剑，沿街讨饭。

有个财大气粗的屠夫看不起韩信这副寒酸迂腐的书生相，故意当众奚落他说："你虽然长得人高马大，又好佩刀带剑，但不过是个胆小鬼罢了。你要是不怕死，就一剑捅了我；要是怕死，就从我裤裆底下钻过去。"说罢双腿叉开，摆好姿势。

众人一哄围上，想看韩信的笑话。韩信认真地打量着屠夫，竟然弯腰趴在地上，从屠夫裤裆下面钻了过去。街上的人顿时哄然大笑，都说韩信是个胆小鬼。

韩信忍气吞声，闭门苦读。几年后，各地爆发反抗秦王朝统治的大起义，韩信闻风而起，仗剑从军。

韩信忍胯下之辱而图盖世功业，成为千秋佳话。假如，他当初为争一时之气，一剑刺死羞辱他的屠夫，按法律处置，则无异于以盖世将才之命抵偿无知狂徒之身。韩信深明此理，宁愿忍辱负重，也不愿争一时之短长而毁弃自己长远的前程。

这样的忍耐，不是屈服，而是退让中另谋进取；不是逆来顺受、甘为人奴，而是委小屈求大全。一旦时机到了，他就能如同水底潜龙冲腾而起，施展才干，创建功业。

所以说，吃"眼前亏"是为了不吃更大的亏，是为了获得更长远的利益和更高的目标。"忍之所不能忍，方能为人所不能为。"看似英勇、心气冲天的人其实是莽夫一个；而忍气吞声、宁吃眼前亏的人才是真正的好汉。

小不忍则乱大谋

"容忍"二字自古到今,都被谋士们用得淋漓尽致。"容忍"是意志的磨炼,爆发力的积蓄,是用无声的奋斗冲破罗网,用无形的烈焰融化坚冰。在容忍中发奋,在容忍中拼搏。作为政治家、军事家要有谋,管理一个国家要有谋,就要学会容忍。作为一个人,我们的生命是有限的,小溪追求大海,幼芽追求绿色,雄鹰追求蓝天,风帆追求激流,我们追求什么呢?生命是可贵的,生命也是短暂的,我们选择了生命,就要赋生命以意义。

我们将赋自己的生命以什么样的意义呢?无论赋予什么样的意义,留给自己的都应该是一段有勇有谋的人生。小不忍,则乱大谋。策划你的人生,首先学会忍耐。

在《三国演义》中司马懿的"忍"功夫可以说已达到了极致。司马懿在渭北寨内传出命令:"渭南寨栅,如今已丢失,将领如果再有请求出战者,斩。"各部将领听令,只守不攻。郭淮入帐告懿说:"最近几日,孔明带兵巡哨,肯定会选择地方安营扎寨。"懿说:"孔明若是择靠山之东,我们都危险了,若靠山之南,西以五丈原,我们会平安无事。"命人探查,果然扎在五丈原,懿以手拭额说:"这是大魏皇帝的洪福!"

随后令诸位将军:"坚守勿出,时间长了,自会有变更。"

孔明领兵扎寨在五丈原,多次令人到曹营请战,魏兵都不出战。孔明命令把巾帼妇人缟素之服,装入一个大盒子内,并写了封书信,派人送到魏寨。诸位将士不敢怠慢,带着来人见懿。懿当众打开大盒,看见里面放着巾帼妇人的衣服和一封书信。懿拆开书信,上面写道:"仲达你身为大将,统领中原之众,不思披坚执锐,以决雌雄,躲躲闪闪,不敢出战,和妇人有什么差别呢？今派人送去巾帼素衣,你如果抱定不出战,则请拜上两拜,接受这身礼服。倘若羞耻心没有泯灭,仍留有男子汉的胸襟,把这衣服退回,按照日期赴敌。"

司马懿看完心中大怒,但表面上假装笑脸说:"孔明是把我当作妇人啊!"然后接受了这套衣服,并对来使以礼相待。魏国的将士都知道孔明用巾帼女衣侮辱司马懿,而懿接受了这些衣服,仍不出兵。众位将士愤愤不平,入帐,说:"我们都是大国的名将,怎么能忍受蜀国人带来的侮辱！请求立即出战,以决雌雄。"懿说:"我并非心甘情愿受辱而不敢出兵。无奈天子有旨意,命令只可守不可攻。我如果轻易出兵,这不是抗旨吗？"诸位大将还是愤愤不平。

懿说:"你们真的要出兵就与我上奏天子,咱们同心协力,一起赴敌,怎么样？"大家应许。懿上表给曹睿说:"我才疏学浅,您委以重任,我按照你的旨意,命令众人坚守不战,让蜀国人不打自乐;谁知诸葛亮派人送巾帼妇人之衣侮辱我。我遵照你的旨:以后以死报国,将效死一战,以雪三耻,不胜激切!"

曹睿看完了司马懿的奏表,对众臣说:"司马懿不是坚守不出吗？为什么现在又上表求战呢？卫尉辛毗说:"司马懿本身没有战心,只是因为众将受了诸葛亮的耻辱,愤愤不平的缘故,故意上此表,请您明查,让诸位将军死心罢了。"曹睿同意这一看法,让辛毗到渭北寨传旨。

懿把辛毗请入帐中。辛毗传旨:"如果有再敢请战旨,以违者论。"众位大将只能奉旨行事了。懿暗暗对辛毗说:"还是你知道我的心意!"

蜀国将士听说此事后报告给孔明。孔明说:"这只是司马懿安顿三军的方法罢了。"姜维问:"丞相又是怎么知道的？"孔明说:"懿本身无战心,所谓请战,只是让众人看个样子罢了。将在外君命有所不受。

千里之外哪有请战的道理？只因魏将愤愤不平，才特意假借曹睿之手，制服众人。并把此事传出，乱我军心。"

正因此，诸葛亮在有生之年才没有完成刘备的遗愿，尽管得到了后人的称赞："拨乱扶危主，殷勤受托孤。英才过管乐，妙策胜孙吴。凛凛《出师表》，堂堂八阵图。如公全盛德，应叹古今无。"但诸葛亮一生意愿未完。如果司马懿不以忍为先，诸葛亮是不会有这样的遗憾的。

在当今社会，以容忍之功而成就大业的人比比皆是。这个世界上在音像方面的电器，几乎没有一个企业的品牌知名度，能与"Sony"抗衡。索尼的总裁兼创始人盛田昭夫，从小就被他的父亲称赞为"天生经理"。

在1945年10月6日，日本的《朝日新闻》在"黄铅笔栏目"中刊出关于井深大的报道："……听说近年发明了一种新方法，在一般家庭使用的收音机上稍作加工，便可自由地收到短波广播。前文部大臣的女婿、早稻田大学的理工科讲师井深大先生，日前在日本桥白木屋三楼的东京电讯研究所门前登出广告，宣布对普通收音机进行适当改造或安装附加装置后，即可收到短波广播……"这促进了盛田昭夫与其合作的决心。

盛田昭夫听完报道后，难以抑制心中的兴奋之情，马上给井深大写了一封信，希望拜见他，并期望井深大能加入他刚起步的事业。一周后，盛田昭夫收到了井深的回信，信中，井深非常欢迎盛田昭夫去东京共同创业。

到东京后，井深大与盛田昭夫重诉旧情，二人信心百倍地开始了艰苦的创业之程。

1946年5月，樱花盛开。在这个美丽的季节里，井深大与盛田昭夫靠500美元起家，在东京一家被炸坏的百货商店里借了一间房子成立了公司（今日索尼的前身）。公司有20名职员，各个都十分精干，其中有 16 人是大学毕业生，盛田昭夫任公司董事，井深大主抓技术控制。

公司创立之初，他们两个都毫无推销产品的经验。两人既未经商，又没在大学里听过一节销售学的课，而且他们直到那时并没生产出一件能够打入市场的产品。只是井深大处理过各种各样的电器行业内部交易的事务；盛田昭夫只是偶尔到他父亲的米酒公司帮忙，他们只能从那些支离破碎的记忆中搜刮出一丝卖东西的经验。这么一点点的销售经验实在少得可怜。

但两人坚信，只有推出受人欢迎的产品，前景才有保证。工人都是电子工程师，他们要想赢得这场竞争的胜利，井深大认为："瞄准一种我们可以充分发挥优势的产品"，盛田昭夫说："一个游泳能手，绝不可能成为马拉松比赛的冠军。"

才几年时间，这昔日的小公司已经开发并推出第一种全新的消费品，为公司后来的发展打下了雄厚的财政基础。

井深大和盛田昭夫的开拓合作收到了最初的果实！合作方式固然重要，但在合作过程中两者之间的那种相互容忍的气度，显得更为重要。

刘邦一忍得天下

在竞争的时代，人们似乎只注意竞争的实惠，而看不到"退"的益处。其实，这是现代人生的一大盲点。人非圣贤，谁都无法甩掉七情六欲，离不开柴米油盐，即使遁入空门，"跳出三界外，不在五行中"，也还要"出家人以宽大为怀，善哉！善哉"不离口，也有是非曲直，能分青红皂白。所以，要成就大事，就得分清轻重缓急，大小远近，该"退"的就一定要能退，从长计议，从而实现理想宏愿，成就大事、创建大业。中国历史上刘邦和项羽在称雄争霸、建功立业时,刘邦就是在"鸿门宴"上对项羽退后一小步,才获得了发展和喘气的机会,而项羽正是在兵败后,不思给自己留退路,最后自刎乌江。

宋代著名大文学家苏轼在评论楚汉之争时就曾说:汉高祖刘邦所以能胜,楚霸王项羽所以失败,关键在于能忍不能忍。项羽不能忍,白白浪费自己百战百胜的勇猛;刘邦能忍,养精蓄锐,等待时机,直攻项羽弊端,最后夺取胜利。刘项之争,从多方面说明了这一点。刘邦可以成大业是他懂得忍下人之言,忍一时失败,忍个人意气;而项羽气大,什么都难忍难容,不懂得"小不忍则乱大谋"的道理,大业未成身先死,可悲可叹!

楚汉战争之前,高阳人郦食其拜见刘邦,献计献策,一进门看见刘邦坐在床边洗脚,便不高兴地说:"假如你要消灭无道暴君,就不应该坐着接见长者。"刘邦听了斥责后,不但没有勃然大怒,反而是赶快起身,整装致歉,请郦食其坐上座,虚心求教,并按郦食其的意见去攻打陈留,将秦积聚的粮食弄到手。

项羽则与刘邦容忍的态度恰好相反。一个有识之士建议项羽在关中建都以成霸业,项羽不听,那人出来发牢骚道:"人们说'楚人是沐猴而冠',果然!"结果项羽知道了,大怒,立即将那人杀掉。楚汉战争中,刘邦的实力远不如项羽,当项羽听说刘邦已先入关,怒火冲天,决心要将刘邦的兵力消灭。当时项羽四十万兵马驻扎在鸿门,刘邦十万兵马驻扎在灞上,双方只相隔四十里,兵力悬殊,刘邦危在旦夕。在这种情况下,刘邦厚着脸皮,低声下气。先是请张良陪同去见项羽的叔叔项伯,再三表白自己没有反对项羽的意思,并与之结成儿女亲家,请项伯在项羽面前说句好话。然后,第二天一清早,又带着张良、樊哙和一百多个随从,拿着礼物到鸿门去拜见项羽,低声下气地赔礼道歉,化解了项羽的怒气,缓和了与项羽的关系。表面上看,刘邦忍气吞声,项羽挣足了面子，实际上刘邦以忍换来自己和军队的安全，赢得了发展和壮大力量的时间。

刘邦对不利条件的隐忍，对失败的暂时退却，反映了他对敌斗争的谋略，也体现了他巨大的心理承受力，这是成就大业者必备的一种心理素质。

有人说刘邦是一忍得天下，并不是没有道理，成就大业就得心里能搁事，就得能制怒，忍一时之气换来全盘胜利，这正是成大事的气魄。

鸡蛋不必硬碰石头

我国有一句俗语，叫做鸡蛋碰石头不自量。当我们身处劣势时，不必非得与敌人一较高下，向敌人低头认罪，以求来日的东山再起，也未尝不是一条好的缓兵之计。

唐武则天专权时，为了给自己当皇帝扫清道路，先后重用了武三思、武承嗣、来俊臣、周兴等一批酷吏。她以严刑峻法、奖励告密等手段，实行高压式统治，对抱有反抗意图的李唐宗室、贵族和官僚进行严厉地镇压，先后杀害李唐宗室贵戚数百人，接着又杀害了大臣数百家；至于所杀的中下层官吏，就多得无法统计。武则天曾下令在都城洛阳四门设置"瓯"（即意见箱）接受告密文书。对于告密者，任何官员都不得询问，告密核实后，对告密者封官赐禄；告密失实，并不反坐。这样一来，告密之风大兴，无辜被株连者不下千万，朝野上下，人人自危。

一次，酷吏来俊臣诬陷平章事狄仁杰等人有谋反的行为。来俊臣出其不意地先将狄仁杰逮捕入狱，然后上书武则天，建议武则天降旨诱供，说什么如果罪犯承认谋反，可以减刑免死。狄仁杰突然遭到监禁，

既来不及与家里人通气，也没有机会面奏武后，说明事实，心中不免焦急万分。审讯的日子到了，来俊臣在大堂上宣读完武后逼供的诏书，就见狄仁杰已伏地告饶。他趴在地上一个劲地磕头，嘴里还不停地说："罪臣该死，罪臣该死！大周革命使得万物更新，我仍坚持做唐室的旧臣，理应受诛。"既然狄仁杰已经招供，来俊臣将计就计，判了他个"谋反是实"，免去死罪，听候发落。

来俊臣退堂后，坐在一旁的判官王德寿悄悄地对狄仁杰说："你也可以再诬告几个人，如把平章事杨执柔等几个人牵扯进来，就可以减轻自己的罪行了。"狄仁杰听后，感叹地说："皇天在上，厚土在下，我既没有干这样的事，更与别人无关，怎能再加害他人？"说完一头向大堂中央的顶柱撞去，顿时血流满面。王德寿见状，吓得急忙上前将狄仁杰扶起，送到旁边的厢房休息，又赶紧处理柱子上和地上的血渍。狄仁杰见王德寿出去了，急忙从袖中抽出手绢，蘸着身上的血，将自己的冤屈都写在上面，写好后，又将棉衣里子撕开，把状子藏了进去。一会儿，王德寿进来了，见狄仁杰一切正常，这才放下心来。

狄仁杰对王德寿说："天气这么热了，烦请您将我的这件棉衣带出去，交给我家里人，让他们将棉衣拆了洗洗，再给我送过来。"王德寿答应了他的要求。狄仁杰的儿子接到棉衣，听说父亲要他将棉衣拆了，就想：这里面一定有文章。他送走王德寿后，急忙将棉衣拆开，看了血书，才知道父亲遭人诬陷。他几经周折，托人将状子递到武则天那里，武则天看后，弄不清到底是怎么回事，就派人把来俊臣召来询问。来俊臣做贼心虚，一听说太后要召见他，知道事情不好，急忙找人伪造了一张狄仁杰的"谢死表"奏上，并编造了一大堆谎话，将武则天应付过去。

又过了一段时间，曾被来俊臣妄杀的平章事乐思晦的儿子也出来替父伸冤，并得到武则天的召见。他在回答武则天的询问后说："现在我的父亲已死了，人死不能复生，但可惜的是太后的法律却被来俊臣等人给玩弄了。如果太后不相信我说的话，可以吩咐一个忠厚清廉、你平时信赖的朝臣假造一篇某人谋反的状子，交给来俊臣处理，我敢担保，在他酷虐的刑讯下，那人没有不承认的。"武则天听了这话，稍稍有些醒悟，不由得想起狄仁杰一案，忙把狄仁杰召来，不解地问道："你既然有冤，为何又承认谋反呢？"狄仁杰回答说："我若不承认，可能早就死于严刑酷法了。"武则天又问："那你为什么又写'谢死表'上奏呢？"狄仁杰断然否认说："根本没这事，请太后明察。"武则天拿出"谢死表"核对了狄仁杰的笔迹，发觉完全不同，才知道是来俊臣从中做了手脚，于是，下令将狄仁杰释放。

狄仁杰的明智做法告诉我们，有时候控制住刚强直率的性格与对手周旋，是斗争中的良策；相反的，若不知迂回以硬碰硬，则会让自己吃大亏。这样做，无论从哪个方面来讲都是不明智的。

特别是在处理和上司的关系的时候，千万不能拿鸡蛋碰石头。下级冲撞领导，一般都会使用比较过激的言辞，特别是一些很伤感情的过头话，这些话会像一把把尖刀直刺向领导的内心，这势必会惹得他怒火中烧，大发雷霆，视你为敌。在这种情形下，你可能是出于某种忠心才说的，但如言辞不当，反而会使领导认为你一直心怀不满。他会想："这家伙隐藏得好深，竟骗过了我！原来他一直对我有意见，一直是三心二意，今天终于暴露出来了！"一种算总账的仇恨就会像火焰一样地烧起来，以至于失去冷静的分析。

下属在与上级说话时切勿激动，而是要时刻提醒自己，即使自己是对的，也要注意态度、方式方法和时机问题，不要冲撞对方，引起上级的怒火，使他怨恨于你。鸡蛋碰石头的结果，下属一定要牢记于心。

忍中有气量，也有力量

在中国哲学中，关于刚强与柔弱的辩证关系是讨论颇多的。所谓以柔克刚、以弱胜强，实是深知事物转换之理的极高智慧。

柔弱是一种退守的智慧，老子曾说过："知其雄，守其雌，为天下。"意思是，知道什么是刚强，却安于柔弱的地位，如此，才能常立于不败之地。应该说，老子的这种哲学对中国的为政者也是影响匪浅。

在中国人看来，忍让绝非怯懦，能忍人所不能忍，才是最刚强的。天下之人莫不贪强，而纯刚纯强往往会招致损伤。

忍耐并非软弱，它显示着一种力量，是内心充实，无所畏惧的表现。古人说："君子之所取者远，则必有所待。所就者大，则必有所忍。"忍是一种强者的心态，更是一个人的修养。在现实生活中，大凡有真本领者都善于忍耐，忍耐是为了给自己留有余地，而有了余地才能掌控住大局。

陆游说："小忍便无事，力行方有功。"它说明了忍在人生行事过程中的必要性。

早在元朝，便有两位饱学之士许名奎、吴亮专门编纂了《劝忍百箴》和《忍经》传给后人。

清朝道光二十六年出版的《忍字辑略》中说："金入火生光，草入火生烟，苦难也。此言耐苦犹耐火也。善忍者成如金，炼去心渣益明，不善忍者反是，怒气所熏，无不染也。"又说："古圣贤豪杰所以立大德而树立业者，莫不成于忍，而败于不能忍。"

自古以来，人们对忍已有许多阐释，吴亮的《忍经》影响了一代又一代的后人。但是，时代在前进，社会在发展，人们关于"忍"的思想也在不断地充实。

具体说到忍的内涵，也是多方面的。

首先，具有一种超凡脱俗的精神境界。而表现出克制人性中的卑劣行为和欲望的思想。

其次，为了实现崇高的目标而表现出的高度自我牺牲精神。

再次，为了某种利益的获取而主动退让。

最后，为了达到某种目的在特定人物身上表现为计谋的运用。

忍是一种强者才具有的精神品质。那些表面上盛气凌人、气势汹汹、不可一世的人，实际上内心是空虚软弱的。忍，有时看似吃了亏，其实一个人敢于吃亏，不去占眼前的便宜，大多是因为有更高的境界和更高的追求；而那种事事处处都想占别人便宜、不愿吃亏的人，到头来往往只能收获些蝇头小利，从大处看反而吃了大亏。

"忍"是一种做人智慧，即使是强者，在问题无法通过积极的方式解决时，也应该采取暂时忍耐的方式处理，这可以避免时间、精力等"资源"的继续投入。在胜利不可得，而资源消耗殆尽时，忍耐可以立即停止消耗，使自己有喘息、休整的机会。也许你会认为强者不需要忍耐，因为他资源丰富而不怕消耗。理论上是这样，但实际问题是，当弱者以飞蛾扑火之势咬住你时，强者纵然得胜，也是损失不小的"惨胜"。所以，强者在某些状况下也需要忍耐。可以借忍耐的和平时期，来改变对你不利的因素。

"忍"有时候会被认为是屈服、软弱的投降动作，但若从长远来看，"忍"其实是藏拙务实、通权达变的智慧，凡是智者，都懂得在恰当时机忍耐，毕竟人生存靠的是理性，而不是意气。

战国时代，三家分晋是段有名的历史。当时晋国最有势力的大夫实际有四家，最强大的是智伯瑶。他想独吞晋国，常显得非常跋扈。当时，赵襄子刚继父位，立足未稳，在宴请智伯瑶时，智伯瑶当其手下的面打了赵襄子，赵襄子隐忍不发。但后来当智伯瑶胁逼三家大夫供奉于他时，赵襄子却首先反对，在使智伯瑶的野心暴露之后，他联合其他两家大夫，灭掉了智伯瑶。

这故事说明智伯瑶的纯刚招致了失败，而赵襄子的忍耐却确立了取胜的基础。对于领导者，为了长远的利益，为了时势，情理的转换，必要的退让不是坏事。以退为进，常常是屡用屡胜的。一位优秀的政治家，只有不计较一时的得失，对细微敏感的小事隐忍不计，不怨不怒，不躁不忧，方能成就大事业。

忍的涵养能融进和谐，并使内心安详

忍辱体现了菩萨的涵养。它包括：凡事都能退让一步，对冤家仇人的种种无理非难，能够忍受；安受苦忍，是个人修行及度化过程所存在的种种恶劣条件，如身体病弱，天气冷热，衣食不具等，都能泰然处之；谛察法忍，是对与我们认识悬殊的真理，能认同接受。忍能使我们消除愤怒。一个人倘若充满憎恨心，缺乏忍的涵养，才会产生愤怒；具备忍的涵养，就不会有愤怒了，对于别人的伤害你能心平气和，和颜相向，就很难树立怨仇，因而忍的涵养又能使彼此和谐，内心安详。

佛陀常常警示弟子，即使自己智慧圆融，更应含蓄谦虚，像稻穗一样，米粒愈饱满垂得愈低。

修行最主要的目标即是无我。因为你能缩小自己、放大心胸、包容一切、尊重别人，别人也一定会来尊重你，接受你。唯其尊重自己的人，才更勇于缩小自己。缩小自己，要能缩到对方的眼睛里，耳朵里。

既不伤害他，还要能嵌在对方的心头上。

一粒细沙就扎到脚，一颗小石子就扎到心，面对事情当然就担当不下去。不能低头的人是因为一再回顾过去的成就。看淡自己是般若，看重自己是执著。

众生有烦恼，是因为我执的关系。以"我"的自私心理为中心，以自我为大，不但使自己痛苦，也影响周围的人群跟着争执痛苦。忘我，才能于修身养性中造就身心的健康以及幸福的人生观。

爱是人间的一份力量，但是只有爱还不够，必须还要有个"忍"——忍辱、忍让、忍耐，能忍则能安。

要做个受人欢迎的人，做个被爱的人，就必须先照顾好自我的声和色。面容动作、言谈举止，都是在日常生活中修养忍辱得来的。

有钱也苦，没钱也苦，闲也苦，忙也苦，世间有哪个人不苦呢？说苦是因为他不能堪忍！越是不能忍的人，越是生活得痛苦。婆婆世界又译成堪忍世界，意即要堪得起忍耐，才有办法在世间生存得更自在。忍不是最高的境界，能够达到看开忍，则会觉得一切逆境都是很自然的事。

佛陀不但教导众生修"慈忍"行，就对儿子也教他坚持"慈忍"。佛告诉儿子：我的一切财产都要留传给你——国家的一切财产是有形的，有损减的；而我的财产是慈忍大法，是大觉智慧，可增长你无穷的福因及难量的法财。人人都能以"慈"、"忍"施行于家庭、于一切众生，人间便会常久散发着"透彻的爱"的光芒。

争，只能"为善竞争"、"与时日竞争"，一旦它的对象从自我投射到别人身上的时候，它就成为一个很不安的事，一件很痛苦的事了。

竞争孕育了伤害的因子。只要有竞争，就有上下之别、前后之分、得失之念、取舍之难，世事也就不得安宁了。不争的人才能看清事实。争了就乱了，乱了就犯了，犯了就败了。要知道，普天之下，并没有一个真正的赢家。人们往往就是太执著,而有分别心。是你,是我,划分得清清楚楚,以致我爱的就拼命去求、去争、去嫉妒,心胸狭窄,处处都是障碍。一般人常言:要争这一口气。其实真正有修养的人,是把这口气咽下去。培养好自己的气质,不要争面子;争来的是假的,养来的才是真的。

人,大多数有名利之心,与人争,与事争。如果能与人无争则人安,与世无争则事安;人、事皆无争,则世界亦安。

学会隐忍也就懂得了屈伸之道

孟子在《生于安乐,死于忧患》中写道:天将降大任于斯人也,必先苦其心志,劳其筋骨,饿其体肤,空乏其身,行拂乱其所为,所以动心忍性,曾益其所不能。

欲成大事者必须能屈能伸。当然,屈伸之度必须由自己把握好,什么时候"屈",什么时候"伸",这里面大有学问。一味隐忍不知勃发、不求翻身出头反而滑进无底的深渊,那样,心高气不傲这种功夫就算白练了,这条通往成功的途径也算是荒废了。所以,屈要屈得有理有据才可以,应该根据实际情况来选择。如果不论什么情况都一味地选择"屈",那显然是不合度的。

龙是中华民族的图腾。在《易经》中,龙是"变化无常,隐现不测"的,《易经》中的乾卦,就全部取象于龙,其中,既有"飞龙在天"的张扬,也有"潜龙勿用"的隐忍。龙这个意象代表了一种能屈能伸的精神。当周围的环境对自己不利,处于劣势的时候,要能够暂时屈服。这并不是放弃,也不退缩,而是以此审时度势,积蓄力量,以图

再起。

从前，有一个原本十分繁荣的国家，自从新的国王继承王位掌管大权后，励精图治不眠不休，可是国家却日渐衰落萧条了，新国王十分不解。于是，国王启程前往名山寺庙，访求大师的指点。当国王到达之后，看到大师静静地端坐在石头上，眺望着邻近的山谷冥想。他向大师说明来意及自己的困境之后，屏住呼吸诚挚地等着大师的教诲，然而大师却一言不发，只是微笑着示意国王随他下山。

他们来到一条水波滔滔的大河边，大师面对河水冥思片刻，便在岸边架起一堆柴。天色暗了，柴堆被点燃，火苗愈来愈大。大师让国王坐在火堆旁，这样不发一语地看着熊熊烈火划破夜幕，直到黎明。随着天色渐亮，柴薪烧尽，火焰也慢慢地熄灭了。

这时，大师才第一次开口说话："现在你明白你无法像前任国王一样，维持国家繁荣昌盛的原因了吗？"

国王面带困惑，并没有明白大师的用意，说："请原谅我的愚钝，请大师明示。"

大师并没有直接回答，反而接着问道："昨天晚上，熊熊的火焰给你留下什么印象？"

国王答说："晚上燃烧的火焰，显得那么强大威武，它划破夜空的黑暗，似乎有着挑战万物、横扫一切障碍的力量。"

大师又问："那熊熊烈火过后，留下了什么？"

"只有一堆灰烬与一些余温而已了。"国王答。

大师再问："那我们身旁的这条大河，经过了一个晚上，给你留下什么印象？"

"河水静静地流着，很安静，几乎没有感到它的存在。"

大师问："这条河流过之处，你看到什么景象？"

国王答："绿油油的大地，盛开的花朵，欣欣向荣的大树。"

接着,大师走到河边,望着缓缓流过的河水,不再说话,留下国王若有所悟地静静深思。

火可以向夜空挑战,但在烧尽所有的柴薪后,只留下灰烬而已。水永无声息地流淌着,滋养绿油油的大地、盛开的花朵,还有欣欣向荣的大树。表面的激烈往往是由于内心的软弱,真正的力量,往往如同流水一般沉静。懂得柔与忍的做人哲学的人就会拥有流水一样的力量,可以从容淡定地创造伟业,远离浮躁的平凡世界,在该奔腾的时候大浪滔滔,在该迂回的时候细水潺潺。

"顶天立地"有的时候并不一定就适合为人处世的原则,倒是"能屈能伸"才更能经历社会的考验。这既是自然的选择,也是经过历史实证的做人原则。

须知,隐忍是一种修养,一种境界,一种大智,在隐忍中往往能获得更好地崛起。为此,学会了隐忍的功夫,领悟了隐忍的精髓,也就意味着懂得了屈伸之道。

学会弯腰

学会弯腰是为人处事中的一种方略,是化解矛盾,以退为进的一种有效方法。它在保全别人面子的同时,也能消除别人对你的固执与敌视。尤其在你面对某种问题而无法抗衡之时,妥协一下,定能化解许多麻烦。如此,何乐而不为呢!假如你和对手或上司产生了冲突,论力量,你是鸡蛋,而对方是石头,你怎么办?是像头脑简单的拼命三郎那样以卵击石,白白地送命呢,还是选择退却,在退却中积蓄实力,等自己也变成石头,变成比对方更大的石头再有所图谋呢?选择前者还是后者，就可以从中看出你是办大事还是办不成大事的人了。

试想，为争一时之气而拼个你死我活，于己于事又有何益呢？泰山压顶，先弯一下腰又何妨？折断了就永远断了，而弯一下腰还有挺起的机会。

明太祖朱元璋在位期间，有一位吏部科给事中，名叫王朴，曾因直谏，犯了龙颜而被罢官。不久，又被起用做御史，他马上评议当时的时政。在朝廷之上，多次与皇帝争辩是非，不肯屈服。

一日，为一事与明太祖争辩得很厉害。太祖一时非常恼怒，命令杀了他。等他临刑走到街上，太祖又把他召回来，问："你改变自己的主意了吗？"王朴回答说："陛下不认为我是无用之人，提拔我担任御史，奈何摧残污辱到这个地步？假如我没有罪，怎么能杀我？有罪何必又让我活下去？我今天只求速死！"朱元璋大怒，赶紧催促左右立即执行死刑。

不是说生性耿直不好，但王朴实在是太不开窍了，心中那种傲气犟劲一产生就消失不了，而且越来越旺，连皇帝给他机会都不要。这固然是受愚忠的毒害，但也与他心高气傲、不懂处世策略有很大关系。他不懂得"弯"与"折"的辩证法——尤其在一言九鼎的皇帝面前，以致毫无价值地送了自己的小命。

忍一时风平浪静，退一步海阔天空

许多人都会在自觉与不自觉之间都信奉着一个字——"忍"，虽然信奉"忍"字的人很多，然而真正了解它内涵的却少之又少。许多人将一幅幅"忍"字字画悬挂于客厅、卧室、钥匙扣……之上，然而他

们就像"叶公好龙"一般，喜欢的不是真"忍"，而是书画上的假"忍"。

忍辱是制怒的一部分，在面对一些无理取闹之人的讽刺与侮辱，能够释放于心外才能制怒。

要知道，如果我们欲成就一番事业，就应该时刻注意学会制怒，不能让浮躁愤怒左右我们的情绪。在生活中我们经常看见很多人为了一点很小的事情而怒容满面，甚至与他人大打出手，这是欲成大事者的大忌。愤怒情绪是人生的一大误区，是一种心理病毒。克制愤怒是人生的必修课，那些怒火横冲直撞而不加抑制的人是难成大器的。

我们分析一下明朝几经沉浮官员李三才失败的根源就不难发现这点。

明神宗时，曾官至户部尚书的李三才可以说是一位好官，为什么这么说呢？当时他曾经极力主张罢除天下矿税，减轻民众负担；而且他嫉恶如仇，不愿与那些贪官同流合污、甚至不愿与那些人为伍。但是他在"忍"上的造诣却太差。

有次上朝，他居然对明神宗说："皇上爱财，也该让老百姓得到温饱。皇上为了私利而盘剥百姓，有害国家之本，这样做是不行的。"李三才毫不掩饰自己的愤怒、说话也不客气的行为激怒了明神宗，他也因此被罢了官。

后来李三才东山再起，有许多朋友都担心他的处境，于是劝他说："你嫉恶如仇，恨不得把奸人铲除，也不能喜怒挂在脸上，让人一看便知啊。和小人对抗不能只凭愤怒，你应该巧妙行事。"李三才则不以为然，反而认为那样做是可耻的，他说："我就是这样，和小人没有必要和和气气的。小人都是欺软怕硬的家伙，要让他们知道我的厉害。"没过多久，李三才又被罢了官。

回到老家后，李三才的麻烦还是不断。朝中奸臣担心他再被重新起用，于是继续攻击他，想把他彻底搞臭。御史刘光复诬陷他盗窃皇木，营建私宅，还一口咬定李三才勾结朝官，任用私人，应该严加治罪。李三才愤怒异常，不停地写奏书为自己辩护，揭露奸臣们的阴谋。他对皇上也有了怨气，居然毫不掩饰愤怒情绪，对皇上说："我这个人是忠是奸，皇上应该知道的。皇上不能只听谗言。如果是这样，皇上就对我有失公平了，而得意的是奸贼。"

最后，明神宗再也受不了他了，便下旨夺去了先前给他的一切封赏，于是李三才彻底失败了。实际上，何必争一时的高下成败呢？

古人常说"喜形不露于色"，而李三才却不明白此点，不分场合、对象随意发怒，自然只能产生失败的后果了。

"忍"的内涵除了制怒，还有一点就是戒嚣张。嚣张是由傲气引起的，因此戒嚣张的根源就在戒除傲气上——戒除了傲气就解除了嚣张。

有一个傲气十足的富商挺着个大肚子来到寺院，站在财神面前说："你有什么？还不是依靠我的供品，你才能活下去？"

财神听到后很生气，就把富商带到窗前说："向外看，告诉我，你看到了什么？"

"看到了许多人。"富商说。

财神又把他带到一面镜子前，问道："你看到了什么？"

"只看见我自己。"富商回答。

财神说："玻璃镜和玻璃窗的区别只在于那一层薄薄的银子，这一点点可怜的银子，就叫有的人只看见他自己，而看不见别人了。"

富商面带愧色地离去。

"虚心使人进步，骄傲使人落后"的道理世人皆知，因此我们唯有谦逊己身，才能进步。"忍"虽然博大精深，但只要做到制怒与戒嚣张，便不难领悟其中的真谛。

"事临头，三思为妙，一忍最高。"你应当提高自己控制浮躁情绪的能力、时时提醒自己，有意识地控制自己情绪的波动。千万不要动不动就指责别人，喜怒无常，改掉这些坏毛病，努力使自己成为一个容易接受别人和被人接受，性格随和的人。只有这样的人前景才能更广阔，出路才能更美好。

第四章

不用蛮劲，从幕后制胜

在生活中，常见有些人贪图表面上的风光体面，一有机会就使足了劲向前挤；而一些人却喜欢退居幕后，表面看来不露山，不露水，却在暗中谋划一切，操纵自如。

好名声让别人占

在与别人合作中，主动地把对方推向前台，自己隐身幕后，未必是放弃自己的利益，未必会有失"双赢"。真正智者，会懂得在自己得利的同时，也会让对方心满意足。并且隐身幕后策划往往既是强者操纵的手段，也是弱者取得利益最大化的策略。

钢铁大王安德鲁·卡耐基年幼时，父母从英国来到美国定居，由于家境贫寒，没有读书学习的机会，13岁就当学徒工了。卡耐基10岁时，无意中得到一只母兔子。不久，母兔子生下一窝小兔。由于家境贫寒，卡耐基买不起饲料喂养这窝小兔子。于是，他想了一个办法：请邻居小朋友来参观他的兔子，这些小朋友们一下子喜欢上了这些可爱的小东西。于是，卡耐基趁机宣布，只要他们肯拿饲料来喂养小兔子，他将用小朋友的名字为这些小兔子命名。小朋友出于对小动物的喜爱，都愿意提供饲料，使这窝兔子成长得很好。这件事给了卡耐基一个有益的启示：人们对自己的名字非常在意，都有显示自己的欲望。

卡耐基长大成人后，通过自身努力，由小职员干起，步步发展，成为一家钢铁公司的老板。有一次他为了竞标太平洋铁路公司的卧车合约，与竞争对手布尔门铁路公司较上了劲。双方为了得标，不断削价竞争，已到了无利可图的地步。

有一天，卡耐基到太平洋铁路公司商谈投标的事，在一家旅馆门口遇上布尔门先生，"仇人"相见，在一般情况下，应该"分外眼红"，但卡耐基却主动上前向布尔门打招呼，并说："我们两家公司这样做，不是在互挖墙脚吗？"

接着，卡耐基向布尔门说，恶性竞争对谁都没好处，并提出彼此尽释前嫌，携手合作的建议。布尔门见卡耐基一番诚意，觉得有道理，但他却仍然不痛痛快快地表示要与卡耐基合作。卡耐基反复询问布尔门不肯合作的原因，布尔门沉默了半天，说："如果我们合作的话，新公司的名称叫什么？"

卡耐基一下明白了布尔门的意图。这话又使他想起自己少年时养兔子的事。

于是，卡耐基果断地回答："当然用'布尔门卧车公司'啦！"卡耐基的回答使布尔门有点不敢相信，卡耐基又重复一遍，布尔门才确信无疑。这样，两人很快就达成了合作协议，取得了太平洋铁路卧车的生意合约，布尔门和卡耐基在这笔业务中，都大赚了一笔。

另有一次，卡耐基在宾夕法尼亚州匹兹堡建起一家钢铁厂，是专门生产铁轨的。当时，美国宾夕法尼亚铁路公司是铁轨的大买主，该公司的董事长名叫汤姆生。卡耐基为了稳住这个大买主，同样采取"冠名法"，把这家新建的钢铁厂取名为"汤姆生钢铁厂"。果然，这位董事长非常高兴，卡耐基也顺利地取得了他稳定、持续的大订单，他的事业从此发展起来了，并最终成为赫赫有名的"钢铁大王"。

在这里，卡耐基利用别人重视名字爱风光的心理，适时把对方推上前台，而自己甘心隐于幕后，从而借他人之名而成功实现自己的目标。并且大家都从中得到了自己想要的东西，皆大欢喜。精明的卡耐基明白，名字虽然是你的，但东西是属于我的。他从不计较这种表面的东西，他想要得到的是最实在的利益。

名气大不一定好办事

　　一般来说，名气大，名声在外会便于办事，但是这也不是惯例。不要名声，不成为众人关注的焦点，有时候可能更方便办事。不争名声，糊涂一些，宽容别人，才能得人心。即使没有那个名，但是实权仍在你手里，又何须贪图一时虚名，说不定没有占这个名位之前，众人也无所谓，也就任你发展了，一旦求得上位，或倒行逆施，或嫉恨眼红，众人联合起来把你赶下台去，并摧垮你的一切势力，到时候连手中的权力也丢了，岂不后悔莫及？名气只是浮云，空虚无拘，不必为了一个空泛的头衔而毁了真正的实际利益，千万不要"拣了芝麻丢了西瓜"。

　　美国某议员进入参议院的时候，他头上有两个光环：他不但是普林斯顿最优秀的学生，还曾经是美国职业篮球联赛的著名球星。有一次他被邀请去一个大型宴会发表演讲。这位自信的议员坐在贵宾席上，等着发表演讲，这个时候一个侍者走过来，将一块黄油放在他的盘子里。

　　议员立刻拦住了他："打扰一下，能给我两块吗？"

　　"对不起，"侍者回答道，"一个人只有一块黄油。"

　　"我想你一定不知道我是谁吧！"这位议员高傲地说道，"我是罗氏奖学金获得者、职业篮球联赛球员、世界冠军、美国议员比尔·布莱德利。"

　　听了这句话，侍者回答道："那么，也许您也不知道我是谁吧？"

　　"这个啊，说实在的，我还真不知道，您是谁呢？"

　　"我啊，"侍者不紧不慢地说，"我就是主管分黄油的人。"

　　相比之下，中国人深谙此理，三国时的曹操就是个中高手。

曹操放着皇帝不做，自然有他的考虑和苦衷。他毕竟是靠所谓"兴义兵，诛暴乱，朝天子，佐王室"起家，一路讨董卓、伐袁术、杀吕布、降张绣、征袁绍、平乌桓、灭刘表、驱孙权、定关中、击刘备，一直用的都是尊汉的名义，打的是讨逆的旗号。迁献帝于许都后，更是"奉天子以令不臣"。这些是曹操的政治资本，也是政治负担。他必须把这个包袱背上。因为他在扔掉包袱的同时，也就丢掉了旗帜。没有了这面旗帜，曹操靠什么号召天下、收服人心？

是曹操不想当皇帝吗？否。谁不知道当皇帝好。谁又不想当皇帝？那时候，诚如王粲对刘琮所言，"家家欲为帝王，人人欲为公侯"。是曹操没条件吗？不是。中国北方基本统一，汉天子早已架空，朝廷内外，上上下下，都是曹操的人、曹操的兵，只等曹操一声令下。曹操曾一而再，再而三地向天下表白：我曹某绝无篡汉之心！曹操自己心里也明白，别人睁大了眼睛，警惕地注视着他的一举一动，一言一行。倘有不轨，立刻就会群起而攻之。

曹操实在是太清楚这一利害关系了，他采取你们不说，我也不说；你们能装，我也能装的策略，到时候，看谁憋不住，等不及！政治斗争是一种艺术，讲究瓜熟蒂落，水到渠成，不到火候不揭锅。过早地轻举妄动是一种盲动，引而不发才是高手，曹操就是高手，他沉得住气。

刘备、孙权，还有朝野一些人全都没安好心。他们有的想当皇帝，有的想当元勋，有的想趁火打劫，有的想浑水摸鱼，只是大家都不说出来，也说不出口，都沉住了气，看曹操如何动作，当然，真心实意维护汉室的正人君子也有。曹操知道一旦自己后院失火，刘备、孙权等就会幸灾乐祸，火上加油，乘机作乱，同朝中反对派联手与自己作对。这样一来，时局就将不可收拾，眼看到手的胜利果实就会功亏一篑，毁于一旦。

曹操是一个务实的人。他有一句名言："不得慕虚名而处实祸。"

71

只要自己实际上拥有了天子的一切，那个惹是生非的虚名，要它做什么！

因此，当孙权上表称臣，属下也纷纷进劝时，老谋深算的曹操只说了意味深长的一句话：孔子说过，只要能对政治产生影响，就是参政，何必一定要当什么呢？如果天命真的在我身上，我就当个周文王好了！

这话说得非常策略，非常有弹性，也非常有余地。它既表示曹操本人无意于帝位，也不排除子孙改朝换代的可能。至于曹丕他们会不会这么干，那就要看天命，也要看他们的能耐了。干成了，我是太祖；干不成，我是忠臣，曹操的算盘打得很精很响。

曹操不为天子，也握着天子的实权，享着天子的福气，又正因为没有称帝，才没有惹来无谓的麻烦，天下人也没有借口群起而攻之，这正是曹操精明之处。不要虚名，也办得实事，不强出头，在自己的位置上做自己的事情，才是正确的为人方式。假如锋芒毕露，自视甚高，咄咄逼人，就容易惹来猜疑和排挤，这不仅阻碍了个人才能的发挥，还会功亏一篑，走向失败。不显眼，不招是非，可以节省下那些用来应付不必要的应酬和麻烦的时间，专心去做有利的事情，最终才会获得更大的成功。所谓虚名，不要也罢！

主动隐身更保险

主动隐身有两种原因，一是为了退到幕后，在幕后策划和掌控一切，更好地掌握操纵事情的发展走向；另一个便是为了曲折地表达自己的想法，让上司在采纳的同时不致对你产生妒意，从而间接地达到自己的目的。

在整个二次大战期间,斯大林在军事上最倚重的人有两个,一个是军事天才朱可夫,一个则是苏军总参谋长华西里也夫斯基。

众所周知,斯大林在晚年逐渐变得独裁专制,"唯我独尊"的个性使他不能允许世界上有人比他高明,更难以接受下属的不同意见。在二战期间,斯大林的这种过分的自以为是曾使红军大吃苦头,遭到本可避免的巨大损失和重创。一度提出正确建议的朱可夫曾被斯大林一怒之下赶出了大本营,但有一人却例外,他就是华西里也夫斯基,他往往能使斯大林在不知不觉中采纳他正确的作战计划,从而发挥着重要的作用。

华西里也夫斯基的进言妙招之一,便是潜移默化地在休息中施加影响。在斯大林的办公室里,华西里也夫斯基喜欢同斯大林谈天说地地"闲聊",并且往往"不经意"地"顺便"说说军事问题,既非郑重其事地大谈特谈,讲的内容也不是头头是道。但奇妙的是,等华西里也夫斯基走后,斯大林往往会想到一个好计划。过不了多久,斯大林就会在军事会议上宣布这一计划。于是大家都纷纷称赞斯大林的深谋远虑,但只有斯大林和华西里也夫斯基心里最清楚,谁是真正的发起者,谁是真正的思想创意者。

斯大林晚年的独行专断可以说是达到了强烈的程度,而华西里也夫斯基之所以还能够不断地让斯大林接受自己正确的作战计划,就是因为他利用自己的特殊身份,不直接发表不同意见,而是在和斯大林的闲聊中"不经意"地流露自己的一些"想法",用这些想法潜移默化地影响斯大林的军事观念,使他在受到启发后做出他自己的决定,这确是一种高明的办法。

再开明的领导其内心也是不喜欢过于直白的建议和批评的,因为这直接使他的权力受到威胁。即便他有时接受了你的直言相劝,并获得了显著成果,且内心里也承认你的能力,但他赞赏的却是你意见和建议本身,而不是你的进言方式。

华西里也夫斯基的策略可以说既有间接实现自身的想法，也有借以自保的打算。然而，当这种方法也无法使用时，最保险安全的做法还是隐身而退，否则，即使藏身幕后也会有杀身之祸，因为"功劳不说但客观存在"，功高震主总非好事。

清王朝的开国元勋范文程，在清初复杂而动荡的时期，先后辅佐努尔哈赤、皇太极、多尔衮、福临三朝四个统治者，在清初政治舞台上活跃了50年，对国家的统一作出了重要贡献。他运用避招风雨的方略处世安身，获得了极高的赞誉。

避招风雨的策略，初看起来好像比较消极。其实，它并不是委曲求全，窝窝囊囊做人，而是通过少惹是非，少生麻烦的方式，更好地展现自己的才华，发挥自己的特长。所以，对于一些谋士来说，运用退出的手段，不仅可以保命安身，还可以求得一个好的结果。

欲求显扬先韬晦

欲求显扬先韬晦是一种极为高明的手段。作为一种做人的方法，它能有效地避免自己成为出头椽子；而作为做事手段，又能出其不意地获得成功。因为从人的内心讲，没有人不乐意台前幕后全面掌控。

所谓"韬光养晦"，换句话说就是"有所为有所不为"。其要义不在于这种提法本身，而在于具体的"为"与"不为"的选择判断上，而这个具体操作是不会轻易公开的。

所以就算是人家知道你要韬光养晦，可怎么个"韬光"、怎么个"养晦"还是不清楚的，这样便达到了我们的目的。韬光养晦策略不是绝口不提这四个字，而是让一切看起来自然合理，不做超常的事。然后在这个"为"与"不为"上尽心竭力做足了功夫，遂成其功。

无论在职场或是商场里，还是要韬晦一些比较好。太急于显露自己的才能和实力，盼望尽快得到他人的认可和刮目相看，表现得急于求成是很不可取的。这样做不仅会给人自高自大的印象，更主要的是会使你过早地成为人们的竞争对手，倘若你没有厚积薄发的底牌，一旦成为强弩之末，那只有被人嗤之以鼻，逐出场外。所以，别太拿自己当回事。

在西汉末年平帝当政时，王莽已掌握大权，并有篡位之图。当时汉平帝只有十几岁，还没有立皇后。王莽便想把自己的女儿配给平帝，当上皇后，以稳固自己的权势。

一天，他向太后建议说："皇帝即位已经三年了，还没有立皇后，现在是操办这件大事的时候了。"太后点头称是。一时间，许多达官显贵争着把自己的女儿报到朝廷，王莽当然也不例外。然而王莽想到，报上来的女子，许多人比自己的女儿强，不要花招，女儿未必能入选。于是他又去见太后，故作谦逊地说："我无功无德，我的女儿也才貌平常，不敢与其他女子同时并举。请下令不要让我的女儿入选吧。"太后没有看出王莽的用心，反而相信他的"至诚"，马上下诏："安汉公（王莽的爵号）之女乃是我娘家女儿，不用入选了。"

王莽如果真是有意避让，把自己的女儿撤回来就行了，但经他鼓动太后一下令，反而突出了他的女儿，引起了朝野的同情。每天都有上千人要求选王莽之女为皇后。朝中大臣也给说情，他们说："安汉公德高望重，如今选立皇后，为什么单把安汉公的女儿排除在外？这难道是顺从天意吗？我们希望把安汉公之女立为皇后！"于是王莽又派人前去劝阻，结果是越劝阻说情的人越多。太后没有办法，只好同意王莽的女儿入选。

王莽抓住这个时机又假惺惺地说："应该从所有被征招来的女子中，

第四章 不用蛮劲，从幕后制胜

75

挑选最适合的人立为皇后。"朝中大臣们力争说:"立安汉公之女为皇后,是人心所向。就不要再选别的女子干扰立后这件大事。"王莽看到自己的女儿被立为皇后已成定局,才没有表示推辞。不久,王莽的女儿就当上了皇后。

相同性质的事情在国外也有。沙皇亚历山大就可以说是一位卑屈求伸、欲显先隐的高手。

1805年奥斯特利茨战役和1807年弗里德兰战役中,俄军被法军打得大败,实力大为减弱,刚登基的亚历山大一世为重整旗鼓,与拿破仑展开了新的较量。他使用了新的斗争策略,以卑微的言辞讨好对方,处处表现出退让的姿态,以屈求伸。

为了对付英国,拿破仑也想极力拉拢俄国,所以亚历山大一见到他就投其所好:"我和你一样痛恨英国人,你对他采取措施时,我将是你的一名得力助手。"

1808年秋,拿破仑决定邀请亚历山大在埃尔富特举行第二次会晤,这次会晤,是拿破仑为了避免两线作战,以法俄两国的伟大友谊来威慑奥地利。消息传到俄国宫廷,激起一片抗议声。皇太后在给亚历山大的信中说:"亚历山大,切切不可前往,你若去就是断送帝国和家族,悬崖勒马,为时未晚,不要拒绝你母亲出于荣誉感对你的要求。我的孩子,我的朋友,及时回头吧。"

但亚历山大却认为,目前俄国的力量还不足够强大,还必须佯装同意拿破仑的建议,应该"造成联盟的假象以麻痹之,我们要争取时间妥善做好准备,时机一到,就从容不迫地促成拿破仑垮台"。

来到埃尔富特后,亚历山大恭言卑词,在两个星期的会晤中,与拿破仑形影不离。有一次看戏,当女演员念《俄狄浦斯》剧中的一句台词:"和大人物结交,真是上帝恩赐的幸福"时,亚历山大居然装模作样地说:"我在此每天都深深感到这一点。"

又一次，亚历山大有意去解腰间的佩剑，发现自己忘了佩带，而拿破仑把自己刚刚解下的宝剑，赐赠给亚历山大，亚历山大装作很感动，热泪盈眶地说："我把它视做您的友好象征予以接受，陛下可以相信，我将永不举剑反对您。"

1812年，俄法之间的利益冲突已经十分尖锐，这时亚历山大认为俄国已积蓄好力量，于是借故挑起战争，并且一举打败了拿破仑。

事后亚历山大总结经验时说："波拿巴认为我不过是个傻瓜，可是谁笑到最后，谁才是胜利者。"

欲求显扬先韬晦的策略不仅能麻痹对手，也可以因此增加自己的人气和实力。由于在幕后的策划常常不为人所知，在前台洋洋自得的对手也就无法知道你的真实意图和具体打算。以暗处攻击明处的目标，可以说，几乎是百发百中，屡试不爽。

风紧扯呼，风松再来

旧社会的江湖有一句黑话叫"风紧扯呼"，意思即为发现势头不对，马上主动退却。这虽是黑话，但在现代社会的现实生活中也一样适用。在我们做某件事时，如果情况对自己不利，再使用蛮力继续下去很可能惨遭挫败，甚至丢了性命。那就必须考虑如何全身而退，先保住自己的本钱再说。此时，必须当机立断，决不可拖泥带水，这最能反映出你的心力深浅。因为，如果本钱没有了，就一切全玩完。对于会做人的聪明者来说，此时的"扯呼"是为了以后的再来，眼下的退，是为了下一步的进。

第一，要仔细分清"风"是否很"紧"，慎之又慎地做出是否"扯

呼"的决定。因为,"扯呼"毕竟是一种退而求其次的手段,是为保存实力,不得已而为之的消极行动。假如形势并非很危险,再坚持一下就会成功,就绝不要轻言撤退。所以作出这种决定必须要慎之又慎。

武则天年方十四时便已艳名远播,被唐太宗召入宫中,不久封为才人,又因性情柔媚无比,被唐太宗昵称为"媚娘"。当时宫中观测天象的大臣纷纷警告唐太宗,说唐皇朝将遭"女祸"之乱,有一个女人将代李姓为唐朝皇帝。种种迹象表明此女人多半姓武,而且已入宫中。唐太宗为子孙后代着想,把姓武之人逐一检点,作了可靠的安置,但对于武媚娘,由于爱之刻骨,始终不忍加以处置。

唐太宗受方士蒙蔽,大服丹丸,虽一时精神陡长,纵欲尽兴,但过不多久,便身形槁枯,行将就木了。武则天此时风华正茂,一旦太宗离世,便要老死深宫,所以她时时留心择靠新枝的机会。太子李治见武则天貌若天仙,仰羡异常。两人一拍即合,山盟海誓,只等唐太宗撒手,便可仿效比翼鸳鸯了。这时,武则天当然不会考虑"扯呼",她还在想着如何大举进攻,攀附上未来的天子。

第二,"风"如果很"紧",就一定要主动"扯呼"。情况不妙时,必须当机立断,主动撤退,否则,肯定是血本无归。

当唐太宗自知将死时,还不忘如何确保李家江山的长久万代,要让颇有嫌疑的武则天跟随自己一同去见阎罗王。临死之前,李治和武则天都在他床边,他当着太子李治的面问武媚娘:"朕这次患病,一直医治无效,病情日日加重,眼看着是起不来了。你在朕身边已有不少时日,朕实在不忍心撇你而去。你不妨自己想一想,朕死之后,你该如何自处呢?"

武媚娘是冰雪聪明之人,哪还听不出自己身临绝境的危险!怎么办?她心里清楚,只要现在能保住性命,就不怕将来没有出头之日。然而要保住性命,又谈何容易,唯有丢弃一切的一切,方有一线希望。于于是她赶紧跪下说:"委蒙圣上隆恩,本该以一死来报答。但圣躬未必即此一病不愈,所以妾才迟迟不敢就死。妾只愿现在就削发出家,长斋拜佛,到尼姑庵去日日拜祝圣上长寿,聊以报效圣上的恩宠。"

唐太宗一听,连声说"好",并命她即日出宫,"省得朕为你劳心了"。唐太宗本来是要处死武媚娘,但毕竟自己很喜欢她,心里多少有点不忍。现在武媚娘既然敢于抛却一切,脱离红尘,去当尼姑,那么对于子孙皇位而言,活着的武则天等于死了的武媚娘,不可能有什么危害了。

武媚娘拜谢而去。一旁的太子李治却如遭晴空霹雳,动也动不了。唐太宗却在自言自语:"天下没有尼姑要做皇帝的,我死也可安心了。"

李治听得莫名其妙,也不去管他。借机溜了出来,径直去了媚娘卧室。见媚娘正在检点什物,便对她呜咽道:"卿竟甘心撇下我吗?"媚娘满脸无奈的忧伤,她回身仰望太子,叹了口气说:"主命难违,只好走了。""了"字未毕,泪已雨下,语不成声了。太子道:"你何必自己说愿意去当尼姑呢?"武媚娘镇定了一下情绪,把自己的担心告诉了李治:"我要不主动说出去当尼姑,只有死路一条。留得青山在,不怕没柴烧。只要殿下登基之后,不忘旧情,那么我总会有出头之日……"

太子李治佩服武媚娘才智,当即解下一个九龙玉佩,送给媚娘作为信物。如果不灵巧,不会走退路的武媚娘哪可能有后来一世的辉煌?

太子登基不久,武则天很快又被召入宫中。她的聪明之处在于能识别"风紧"还是"风松",在危难面前能迅速分清主次,并能果断地"扯呼",从而保住自己的性命。"风松"了,又再回来,后来时机一旦成熟,武则天果断地由退转进,成为中国历史上声名赫赫的一代女皇。不仅为自己,也为中国历史上的所有女性争了一口气。

让别人当出头鸟

有时候事情到了一定的关口，必须有人出面"迎风而立"，这时候聪明的主事者往往会耍出手段，让别人心甘情愿地充大头、撑台面、冒风险，而他自己却毫发无伤地捞好处。这不能不说是一种高明的做人方法。

三国枭雄曹操在发迹称霸的过程中也玩了几手漂亮的幕后策划的把戏。他在当时群雄并起、危险四伏中，把别人捧上前台，自己在幕后操纵，成为最大的收益者。

曹操刺董卓失败，马上逃离洛阳，回去整合兵马，会同袁术、袁绍、孔融、马腾、孙坚等十七路诸侯联合讨伐董卓。在这些力量中，曹操拥有较强的实力，且作为发起人，理应以他为盟主，但他却主动谦让，把盟主位置让给袁绍，并说什么"袁本初四世三公，门多故吏，汉朝名相之裔，可为盟主"。其实他正是看穿了袁绍的虚荣和较弱的缺点，既让他做出头鸟，又可以使自己把握实权。果然袁绍心中大喜，心甘情愿地当了冤大头，结果在群雄逐鹿中四面受敌，力量慢慢削掉，最后终于被曹操吃掉了。

曹操这套阴谋的好处在于：一是可以借力克力，借势灭势；二是可以暗中操纵，浑水摸鱼，得渔翁之利。通过这次与十七路诸侯的合作，曹操几乎全部摸清了他们的底细，而对方则不知他的深浅。等到公孙瓒、孙坚等人看出他的野心时，已为时已晚。更何况此时曹操又玩了一手更高明的手段。

曹操杀入洛阳、消灭董卓后，便把汉献帝挟持到自己的地盘许昌

"供"起来。这一招更高明,他把汉献帝当成皮影,而自己则是要皮影的。由于汉献帝的名头,诸侯都不敢对曹操轻举妄动,而曹操更是拉大旗作虎皮,挟天子以令诸侯,自立为大丞相,实则以天子名义对诸侯指手画脚。曹操的这一招,可谓把幕后操纵演绎到了极致。曹操后来的不断壮大,四方贤士猛将皆来投靠,不能不说与此有很大关系。如果相反,用蛮劲做出头鸟,曹操的历史岂不要改写?很可能是一篇充满悲剧色彩的壮烈文章。

隋朝末年,李渊从太原起兵后不久,便选中关中作为长远发展的基地。因此,他就借"前往长安,拥立代王"为名,率军西行。

李渊西行入关,面临的困难和危险主要有三个。第一,长安的代王并不相信李渊会真心"尊隋",于是派精兵予以坚决的阻击。第二,当时势力最大的瓦岗军半路杀出,纠缠不清。第三,瓦岗军还用一方面主力部队袭奔晋阳重镇,威胁着李渊的后方根据地。

这三大危险中,隋军的阻击虽已成为现实,但军队数量有限,且根据种种迹象判断,隋廷没有继续派遣大量迎击部队的征兆。但后两个危险却不可掉以轻心,瓦岗军的人数在李渊的10倍以上,第二种或者第三种危险中,任何一个危险的进一步演化,都将使李渊进军关中的行动夭折,甚至有可能由此一蹶不振,再无东山再起的机会。

李渊急忙写信给瓦岗军首领李密详细通报了自己的起兵情况,并表示了希望与瓦岗军友好相处的强烈愿望。

不久,使臣带着李密的回信又来到了唐营。李渊看了回信后,口里说了声"狂妄之极",心里却踏实多了。

原来,李密自恃兵强,欲为各路反隋大军的盟主,大有称孤道寡的野心。他在信中实际上是在劝说李渊应同意并听从他的领导,并要求他速作表态。

李密拥有洛口要隘,附近的仓容中粮帛丰盈,控制着河南大部。向

东可以阻击或奔袭在江苏的隋炀帝，向西则可以轻而易举地进取已被李渊视之为发家基地的关中。因此，李渊虽知李密过于狂妄，但人家有狂妄的资本。

为了解除西进途中的后两种危险，同时化敌为友，借李密的大军把隋炀帝企图夺回长安的精兵主力截杀在河南境内，李渊对次子李世民说："李密妄自尊大，绝非一纸书信便能招来为我效力的。我现在急于夺取关中，也不能立即与他断交，增加一个劲敌。"于是，李渊回信道："当今能称皇为帝的只能是你李密，而我则年纪大了，无此愿望，只求到时能再封为唐公便心满意足，希望你能早登大位。因为附近尚需平定，所以暂时无法脱身前来会盟。"

李世民看了信说："此书一去，李密必专意图隋，我可无东顾之忧了。"果然，李密得书之后，十分高兴，对将佐们说："唐公见推，天下不足定矣！"

李渊投李密之好，把他当成台面人物，使得他不再对自己防范，不仅避免了李密争夺关中的危险，而且还为李渊西进牵制住了洛阳城中可能增援长安的隋军，从而达到了"乘虚入关"的目的。李密中了李渊之计，十分信任李渊，常给李渊通信息，更无攻伐行为，专力与隋朝主力决斗。之后几年中，李密消灭了隋王朝最精锐的主力部队，而自己也被打得只剩2万人马。而李渊则利用有利时机发展成为最有实力的人，不费吹灰之力便收降了李密余部。

李渊的手段虽不如曹操精细，但也深得其精髓。他利用李密的弱点，吹捧一番，便把李密送上了热闹却危险的舞台，而自己则不露行迹，等到前台的戏一结束，他便出来收拾摊子，凭空落下大大的好处。李密的失误，在于他把指挥棒轻易地交给了李渊，自己粉墨登场做起了悲剧角色的演员——"出头鸟"。

无论是曹操对于袁绍、汉献帝，还是李渊对于李密，用的都是让对方当出头鸟，而自己在幕后掌权策划的手段。这种看似"风光"的"出头鸟"，处于风口浪尖上得到的不外是明枪暗箭、嫉恨攻击，成为众矢之的。而幕后的操纵者不但安全无恙，而且坐收渔利，成为最后的也是最大的赢家。

让白脸当主演

就人生的处事或人生活的智慧而言，退路的方式有很多，比如说退让、回避、隐忍，不争等，其实除此之外，以广泛的角度来说，凡能用委婉圆融的方式处理或解决好比较僵化而棘手的问题，都属于"退"的智慧。比如说像让白脸当主演也正是一种知进知退的策略。

人生就像是一个舞台，合作共事的双方在这个舞台上要扮演不同的角色。既然是演戏，就少不了黑脸和白脸的相互配合，这样做才能让自己这一方成为这个舞台的主宰。有一回，美国传奇人物——亿万富翁休斯想购买大批飞机。他计划购买34架，而其中的11架，更是非到手不可。起先休斯亲自出马与飞机制造厂商洽谈，但却怎么谈也谈不拢，最后搞得这位大富翁勃然大怒，拂袖而去。事后，休斯觉得谈判靠争吵是解决不了问题，得想个法子，走和气谈判的路子。于是便找了一位代理人，替他出面继续谈判。休斯告诉代理人，只要能买到他最中意的那几架，他便满意了。而谈判的结果，这位代理人居然把34架飞机全部买到了手。休斯十分佩服代理人的本事，便问他是怎么做到的。代理人回答很简单，每次谈判一陷入僵局，我便问他们——你们到底是希望和我谈呢，还是希望再请休斯本人出面来谈？经我这么一问，对方只好乖乖地说——算了算了，一切就照你的意思办吧！

要使用"白脸"和"黑脸"的战术，就需要有两名谈判者，第一位出现的谈判者唱的就是"黑脸"，他的责任在于不给对方面子，激起对方"这个人真不好惹"、"碰到这种谈判的对手真是倒了八辈子霉"的反应。然后他退居幕后。而第二位谈判者唱的是"白脸"，得尽量给人面子，使对方产生"总算松了一口气"的感觉。就这样，黑脸策划，白脸在台上"主演"，便很容易达到谈判的目的。

"白脸"与"黑脸"战术的功效，乃是源自第一位谈判者与第二位谈判者的"起承转合"上。第二位谈判者就是要利用对方对第一位谈判者所产生的不良印象，继续其"起承转合"的工作。

在这里，"黑脸"退后，所担任的就是幕后工作，而"白脸"则被推上了前台做演员。"黑脸"的不成功既是角色所限定的，也是幕后指挥所必需的，它是为了"白脸"的表演更加成功。

第五章

不要非得与人争高下

清朝的官员张英在给家人的书信中写道:"千里家书只为墙,让他三尺又何妨。万里长城今犹在,不见当年秦始皇。"在家人与邻人的互让中,留下了"六尺巷"的美谈。在我们的人生中,同样不要什么事都要与人一较高下。

培养"不争"和"无求"的心态

老子在他的道学中提倡返璞归真，而返璞归真不是有意逃避，也不是当做不做，而是以不做作、不执著的态度去做。无欲则刚，所以无为而无不为。无为其实是更有所为的另一种做法。

西谚道，欲望使人盲目。欲望或希望就像无常鬼的绳子，绑着人这里、那里，无头苍蝇般地乱闯，一刻也得不到安宁，永不满足，乱纷纷，闹嚷嚷，不由自主、痛苦万分地演绎着人间闹剧。

所欲不会总是得遂，但欲望却永不休止，以不能总是得遂的结果去满足永不休止的欲望，最终必落得痛苦绝望。鲁迅说："绝望之为虚妄，恰如希望一样"。没有开始希望，绝望也无所谓了。所谓"退一步海阔天空"。抽身事外，不去争抢，不为功名利禄所动，把有所作为当作无所作为，把有事当作没事，把大事当小事，不挂在心上，不显摆，不自以为是，不自怨自艾，以善意对待仇怨，麻烦和绝望就不会找上门来。无欲无求，天下就没人能争得过你。

只要身心清净安乐，就能享受人生真正的快乐，就能感受到前景的广阔与美好。但在现实生活中，却很少有人能做到这点。人们要么嫉妒别人，看不得别人比自己强；要么心生怨恨，很在意别人的说法、看法，一旦这些说法、看法和自己的不一样，就生气、发火；要么在为钱为财蝇营狗苟，贪得无厌，很少能达到无欲无求的境界。

何谓嫉妒？当别人超过自己时，油然而生的一种酸溜溜的感觉，那就是嫉妒。别人长得比自己漂亮，心里会酸溜溜的；别人比自己健康，心里会酸溜溜的；别人比自己吃得好，心里会酸溜溜的；别人比自己穿

得有品位，心里会酸溜溜的；别人住得比自己宽敞、舒适，心里会酸溜溜的；别人出国留学，自己不能，心里会酸溜溜的。总之，只要别人过得比自己好，心里就难过。

嫉妒不仅是一种负面的、消极的、有害的心态，而且是一种心理疾病。嫉妒心越强，说明其心理越脆弱。他不能确定自己的位置和目标，总是把自己同别人相比，无法从生活和工作中发现自己真正的价值。因此，常常处在压抑、焦虑不安、怨恨烦恼、患得患失的心境中，得不到片刻祥和、宁静。因此，嫉妒就像一把双刃剑，即使别人受到伤害和痛苦，也使自己处在频繁的心理刺激和压力下，造成神经系统失调，影响心血管及许多脏器的功能，进而导致心律不齐、高血压、冠心病、神经症、胃及十二指肠溃疡的发生，严重的还诱发某些精神病，出现早衰。

那么如何对治呢？人得如己得，随喜功德——恭喜、祝贺超过自己的人，进而见贤思齐，取长补短。这样，岂不皆大欢喜？关键是要有真诚的爱心。爱是恒久忍耐，又有慈悲；爱是不嫉妒，不做害人的事；爱是但愿你过得比我好，爱使灰冷的心田温暖，使无望的沙漠中长出一片希望的绿洲；爱是付出，也是得到。

瞋心也是一种负面的、消极的、有害的心态，是一种伤害身心的"火气"，是一种渗透到内心深处的对立情绪，它令人对微不足道的事情剑拔弩张。科学家们确信，正是这种对立情绪导致心血管病的爆发。列·乌伊尔扬姆斯医生的研究证明：经常生气、发火，会对人的身心产生不良影响，还可能导致动脉甚至免疫系统受损。

因此，近代高僧印光法师早就告诫我们："瞋心一起，于人无益，于己有损；轻亦心意烦躁，重则肝目受伤。须令心中常有一团太和元气，则疾病消灭，福寿增崇矣"，"今既知有损无益，宜一切事当前，皆以海阔天空之量容纳之"。

还有一种负面的、消极的、有害的心态，那就是贪心。造假行骗是

因为贪，受骗上当是因为贪。圈套、陷阱、笼子都是为贪得无厌者而设。如果不加以适宜的引导和制约，小则害人害己，大则害国害民。医学家指出，贪得无厌者往往是极其虚伪的人，自欺欺人，使自己的精神处于紧张状态，处于焦虑不安和烦恼中，加重了身心的负担。长此以往，会造成机体生化代谢和神经调节功能的紊乱造成内伤，损害健康，损福折寿。这绝不是危言耸听。

因此，"大"不可贪，"小"亦不可贪，贪小则失大。

所以培养"不争"和"无求"的心态，就是要求人们要懂得有所为，和有所不为的道理，懂得收敛、放弃的哲学。

也许有人认为，这只是一些细节、小事，然而，正是这些所谓的"小事"，成为塑造人格和积累诚信的关键。贪小便宜、耍小聪明的行为，只会把自己定性为一个贪图小利、没有出息的人的形象，最终因小失大。中国有"勿以恶小而为之"的古训，很值得记取。

用低姿态来保护自己

用低姿态来保护自己，是一种高明的隐晦术，是一种较深的处世哲学，懂得运用这种方法的人，必定是个精明而又圆融的人。然而从古至今，很多人都不懂得自我保护，尤其是一些位高权重、才华横溢、富可敌国之人，被自身耀眼的光芒所迷惑，没有意识到这正是祸害的起始。纵观历史，看历代功臣，能够做到功盖天下而主不疑、位极人臣而众不妒、穷奢极欲而人不非的，实在是少之又少。最重要的原因是他们不懂得低调做人，不明白放低姿态才是自我保护的最佳途径。深谙低调行事之道的人，不管位有多高、权有多重、周围有多少妒贤嫉能的人，都能在危机四伏的世界中为自己保留一席之地。

郭子仪是晚唐时期的重臣，他屡立战功，被封为汾阳王之后，王府建在长安。自从王府落成之后，每天都是府门大开，任凭人们自由进出。

有一天，郭子仪帐下的一名将官要调到外地任职，特地来王府辞行。他知道郭子仪府中百无禁忌，就一直走进内宅。恰巧他看见郭子仪的夫人和他的爱女两人正在梳妆打扮，而郭子仪正在一旁侍奉她们，她们一会要王爷递手巾，一会要他去端水，使唤王爷就好像使唤仆人一样。这位将官当时不敢讥笑，回去后，不免要把这情景讲给他的家人听。于是一传十，十传百，没几天，整个京城的人们都把这件事当作茶余饭后的笑话来谈。

郭子仪的几个儿子听了觉得太丢王爷的面子，他们相约，一起来找父亲，要他下令像别的王府一样，关起大门，不让闲杂人等出入。

一个儿子说："父王您功业显赫，普天下的人都尊敬您，可是您自己却不尊敬自己，不管什么人，您都让他们随意出入内宅。孩儿们认为，即使商朝的贤相伊尹、汉朝的大将霍光也无法做到您这样。"

郭子仪收敛笑容，语重心长地说："我敞开府门，任人进出，不是为了追求浮名虚誉，而是为了自保，为了保全我们的身家性命。"

儿子们一个个都十分惊讶，忙问这其中的道理。

郭子仪叹了口气，说道："你们光看到郭家显赫的地位和声势，没有看到这声势丧失的危险。我爵封汾阳王，没有更大的富贵可求了。月盈而蚀，盛极而衰，这是必然的道理。所以，人们常说急流勇退。可是，眼下朝廷尚要用我，怎肯让我归隐？可以说，我现在是进不得也退不得，在这种情况下，如果我们紧闭大门，不与外面来往，只要有一个人与我郭家结下仇怨，诬陷我们对朝廷怀有二心，就必然会有专门落井下石、妒害贤能的小人从中添油加醋，制造冤案。那时，我们郭家的九

族老小都要死无葬身之地了。"

放低姿态，还会让你得到意想不到的收获。

保罗是一个工厂的老板。有一次，生产线上有一个工人喝得酩酊大醉，吐得到处都是。厂里立刻发生了骚动：一个工人跑过去拿走他的酒瓶，领班又接着把他护送出去。

保罗在外面看到这个人昏昏沉沉地靠墙坐着，便把他扶进自己的汽车送他回家。这个员工的妻子吓坏了，保罗再三向她表示什么事都没有。"不！史蒂夫不知道，"她说，"老板不许工人在工作时喝醉酒。史蒂夫要失业了。"保罗当时告诉她："我就是老板，史蒂夫不会失业的。"

回到工厂，保罗对史蒂夫那一组的工人说："今天在这里发生的不愉快，你们要统统忘掉。史蒂夫明天回来，请你们好好对待他。长期以来他一直是个好工人，我们最好再给他一次机会！"

史蒂夫第二天果真上班了。他酗酒的坏习惯也从此改过来了。

一年后，地区性工会总部派人到保罗的工厂协商有关本地的各种合同时，居然提出一些令人惊讶、很不切实际的要求。这时，沉默寡言，脾气温和的史蒂夫立刻领头号召大家反对。他开始努力奔走，并提醒所有的同事说："我们从保罗先生那里获得的待遇向来很公平，用不着那些外来人告诉我们应该怎么做。"就这样，他们把那些外来的人打发走了，并且仍像往常一样和气地签订合同。

保罗用低姿态获得了成功，他给了史蒂夫一次机会，史蒂夫回馈了保罗一份事业上的"保险"。

这就是低姿态的魅力。要懂得放低姿态以自我保护，这是一个真理，也是一种以退为进的重要策略。在社会日益激烈的竞争中，在越来越复杂的人际关系中，要想立于不败之地，除了加强自身修养和提高自身素质之外，必须特别注意处世方式。

低头认错是大勇

人非圣贤，孰能无过。有错并不可怕，关键是看你如何对待错，硬装强势不肯退却的人，总会强词夺理，甚至狡辩，结果不仅挣不回来面子，反而丢尊严，这实在是无益。须知低头认错是大勇。

智者千虑必有一失。人即使再聪明也总有考虑不周的时候，有时再加上情绪及生理状况的影响，就会不可避免地犯错——估计错误、判断错误、决策错误。

人犯了错，一般有两种反应，一种是死不认错，而且还极力辩白；另一种反应是坦白认错。

第一种做法的好处是不用承担错误的后果，就算要承担，也因为把其他的人也拖下水而分散了责任。此外，如果躲得过，也可避免别人对你的形象及能力的怀疑。但是，死不认错并不是上策，因为死不认错的坏处比好处多得多。

如果你犯的是大错，那么此错必然尽人皆知，你的狡辩只是"此地无银三百两"，让人对你心生嫌恶罢了。如果你犯的只是小错，用狡辩去换取别人对你的嫌恶，那更划不来。

诚实认错，坏事可以变成好事。姑且不论犯错所需承担的责任，不认错和狡辩对自己的形象有强大的破坏性，因为不管你口才如何好，又多么狡猾，你的逃避错误换得的必是"敢做不敢当"之类的评语。最重要的是，不敢承担的错误会成为一种习惯，也使自己丧失面对错误、解决问题和培养解决问题能力的机会。所以，不认错的弊大于利。

那么诚实认错呢？

你会说，诚实认错，那不是要立即付出代价，独吞苦果吗？有时候碰到没有肚量的上司，的确会如此，但绝大多数的上司都会"高抬贵手"。而且在心理上，你认错，已明显表示出上司与你位置的高低，上司受到尊重，再怎么说，都要替你扛一部分的责任；所以，在现实中，认错的后果并不像想像中的那么严重。

诚实认错还有间接的好处，比如：

第一，为自己塑造了"好汉做事好汉当"的形象，无论领导、同事都会欣赏、接受你的作为，因为你把责任扛了下来，不会委过于他们，他们感到放心，自然尊敬你，也乐于跟你合作，更乐于替你传播你的形象，这会成为你的无形资产。

第二，可借此磨炼自己面对错误的勇气和解决错误的能力。因为你不可能一辈子做事不犯错误，及早培养这种能力，对你的未来大有好处。

第三，你的认错如果真的招来别人的责骂，那么正可塑造你的弱者形象，弱者往往是引人同情，也能引来助力的，你会因此而获得不少人心。而且大部分人在骂过人之后，都会不忍心，即使要处罚你，也不会下手太重，人同此心，心同此理。

个性不张扬是一种智慧

许多人认为个性很重要，特别是年轻人，他们最喜欢张扬个性。

人张扬的目的：一是为了让别人了解自己，佩服自己；二是认为自己不张扬，才华就会被埋没。其实，不张扬，隐藏自己的个性，不让自己在与人交往中把优点和缺点全部暴露出来，往往能给自己更好地留个退路，给自己说话做事留下余地。

那么，年轻人为什么非常喜欢谈个性，非常喜欢张扬个性呢？我们先来探讨一下年轻人所张扬的个性的具体内容是什么。

年轻人张扬的个性相当一部分来自于他们年轻气盛的自我表现欲，是一种希望别人崇拜自己的行为。年轻人有许多情绪，他们希望畅快地发泄自己的情绪。他们不希望把自己的行为束缚在复杂的条条框框中。所以，年轻人喜欢张扬的个性与那些"天才"或伟大人物所表现的个性张扬是不同的两种做人姿态。

张扬个性肯定要比压抑个性舒服。但是如果张扬个性仅仅是一种任性，一种意气用事，甚至是对自己的缺陷和陋习的一种放纵的话，那么，这样的张扬个性对你的前途肯定是没有好处的。

年轻人非常喜欢引用但丁的一句名言："走自己的路，让别人说去吧！"

但作为一个社会中人，我们真的能这么"洒脱"吗？比如你走在公路上，如果仅仅走自己的路而不注意交通规则，警察就会来干涉你，会罚你的款。如果你走路不注意安全，横冲直撞，还有可能出车祸。所以，"走自己的路，让别人说去吧"，这种态度在现实生活中是行不通的。

社会是一个由无数个体组成的人群，我们每个人的生存空间并不很大。所以当你想伸展四肢舒服一下的时候，必须注意不要碰到别人。当我们张扬个性的时候，必须考虑到我们张扬的是什么，必须注意到别人的接受程度。如果你张扬的这种个性是对别人人性的压抑和侮辱，那么你最好的选择是把它改掉，而不是去张扬它。

我们必须注意：不要使张扬个性成为我们纵容自己虚荣心的借口。社会需要我们创造价值，社会首先关注的是我们的工作品质是否有利于创造价值。个性也不例外，只有当你的个性有利于创造价值，是一种生

产型的个性时，你的个性才能被社会所接受。

巴顿将军性格粗暴，他之所以能被周围的人接受，原因是他是一个优秀的将军，他很能打仗，否则他也会因为性格的粗暴而遭到社会的排斥。

所以我们应该明白：社会需要的是被公众所接受的个性，只有你的个性能融合到创造性的才华和能力之中，这种个性才能够被社会接受。如果你的个性没有表现出一种相容性，仅仅表现为一种脾气，它往往只能给你带来不好的结果。

所以，有大智慧的人，往往看起来呆呆傻傻，糊里糊涂，甚至反应迟钝木讷，实际上是因为他们知道不张扬的好处。

不要显得比别人聪明

聪明，无疑是一件好事。但如果因此而觉得自己不是一般，处处显得比别人聪明，甚至总是依仗聪明不把别人放在眼里，不仅得不到好处，往往还会把自己置于十分危险的境地。

在历史上，以聪明人自居而招灾惹祸的例子不在少数。如曾为刘邦打天下立下汗马功劳的韩信，官封淮阴侯，不久就落下了杀身之祸，原因就在于此人自恃有才而锋芒毕露，再加上其功高震主，所以一抓住其"谋反"的借口，刘邦就迫不及待地把他给杀了。另外还有大家耳熟能详的杨修被曹操所杀的故事，都说明了这一点。

英国19世纪政治家查士德斐尔爵士曾经对他的儿子做过这样的教导："要比别人聪明，但不要告诉人家你比他更聪明。"苏格拉底在雅典一再告诫他的门徒："你只知道一件事，那就是你一无所知。"孔老夫子也说:"人不如,而不恨,不亦君子!"这些话,有一个共同的意思,就是你即使真的很聪明,也不要太出风头,要藏而不露,大智若愚。也就是说,在做人处世中,不要卖弄自己的雕虫小技,不要显得比别人聪明。

世上有一种人很喜欢卖弄自己,他们掌握一点本事,就生怕别人不知道,无论在什么人面前都想"露两手"。这种人爱出风头,总想表现自己,对一切都满不在乎,头脑膨胀,忘乎所以。在做人处世中,这种人十个有十个要失败。

那么,在做人处世中应该如何做,才是不卖弄自己的聪明呢?不妨从以下三方面注意:(1)要在生活枝节问题上学会"随众",萧规曹随,跟着别人的步履前进。

这种随众附和的做人方法,至少有两大实际意义:第一,社会上的群居生活,需要大家互相合作。第二,在某些情况下,当你茫然不知所措时,你该怎么办?当然是仿效他人的行为与见解,从而发掘正确的应对办法。

(2)不要让人感觉你比他聪明。如果别人有过错,无论你采取什么方式指出别人的错误:一个蔑视的眼神儿,一种不满的腔调,一个不耐烦的手势,都可能带来难堪的后果。罗宾森教授在《下决心的过程》一书中说过一段富有启发性的话:"人,有时会很自然地改变自己的想法,但是如果有人说他错了,他就会恼火,更加固执己见。人,有时也会毫无根据地形成自己的想法,但是如果有人不同意他的想法,那反而会使他全心全意地去维护自己的想法。不是那些想法本身多么珍贵,而是他的自尊心受到威胁……"

(3)贵办法不贵主张。换一句话说,就是多一点具体措施,少一些高谈阔论。譬如,上司和同事或者朋友,希望你帮助他办某件事,你可以拿出一套又一套的办法,第一套方案,第二套方案,总之,你千方

百计把问题解决了，这比发表"高见"，不是有意思得多吗？不说空话，而又能干得成实事，你将给人以一种沉稳的成熟者的形象。

在做人处世中，不要把别人都看成是一无所知的人。其实，我们周围的人，和你一样，都各有主张。但多数人都不喜欢采纳别人尤其是下属的主张，因为这往往会被认为有失身份，有损体面。如果我们把同事都看成是庸才，只有自己有真知灼见，于是在一个团体内，谁多发表主张，结果谁的主张被采纳的百分比，恐怕是最低的。而且很可能这个人就是最先被淘汰出局的人。

"聪明"是相对的，是对某一具体的方面、具体的人而言的。你在这个人面前很聪明，而在另一个人面前，很可能就不怎么样。所以，聪明还是不"聪明"并不是什么做人的资本，根本不值得卖弄。

发现内心的力量

人的内心就像流水一样，如果一直动荡不安，就永远不能悟道，也就不能认识自己。想要看清自己的内心，要发现自己内心所潜藏的真正的力量，就必须要把心中的杂念、妄想静止，才可以明心见性。

"唯止能止众止"，只有真的安静下来，平稳下来，到达止的境界，才能够使心像止水一样澄清。然后才能开启智慧之门。

止也就是静心，是定，是专一，不仅道家讲究，佛家、儒家也都讲究。比如佛家的禅坐入定，儒家的"止于一"，都与道家的"唯止能止众止"是相通的。因为人的一切思想的混乱、烦恼和痛苦都是来源于心的乱，心若不能止，烦恼接踵而来，永无宁日。

止是内在的修养，也是外在行为的一种认定，或许是一个目标，或

许是一个方向，或许是一个途径。就好像射线起始的那个点，只不过我们是从射线发散的那一端逆转回来，寻找能让我们止住的那一个点。

如果能将心止住，观照内在，以自己内心的力量去顺应外在的变化，就能自然而然地迸发出巨大的力量。

在陈丹燕所著的《上海的金枝玉叶》一书中，主人公是一个美丽柔婉的女子——郭婉莹（戴西），她是上海著名的永安公司郭氏家族的四小姐，曾经锦衣玉食，应有尽有。时代变迁，所有的荣华富贵都随风而逝，她经历了丧偶、劳改、受羞辱打骂、一贫如洗……但30多年的磨难并没有使她心怀怨恨，她依然美丽、优雅、乐观，始终保持自己的自尊和骄傲。她一生的经历令人惊奇、令人不禁重新思考：一个人身上的美好品质究竟是怎样生成的？一个柔弱如水的女子怎会坚强如斯？

戴西的一生从容、淡定、安详和富有尊严。她在悉尼长到6岁，进当地的幼儿园，在离开悉尼之前，她从来不会说汉语。1915年底，郭父为了响应孙中山先生的号召，到上海开办百货公司——也就是后来中国最大的百货公司——永安百货公司。1918年，戴西和母亲及兄弟姐妹们一起离开了悉尼，那时候，她以为她要去一个叫"上海"的餐馆吃饭。回到上海后，戴西被送入中西女塾学习，那是一个西化的女子贵族学校。宋庆龄、宋美龄都是在那里毕业的，那里要教导学生怎么样做出色的沙龙和晚会的女主人，并且要秀外慧中和具备坚强的性格。在那里，戴西坚定了一生都要独立的信念。

在那个年代，她是一个秀丽的追求完美的富家小姐，没有参加过什么轰轰烈烈的新文化运动，她眼中的一切都是明亮而美好的。从那个时候起，她的着装完全中国化，第一次穿上了旗袍，然后就一直只穿中式服装——虽然英语仍然是她最常用的语言。她从中西女塾毕业后，成为燕京大学儿童心理系的学生。

心理学让她受益匪浅，五六十年代，面对各种各样对她心怀恶意的

人的折磨，她利用心理学，总能机智地应付。儿子中正回忆起她的时候，常常眼含泪水，但又由衷地笑着说："我妈妈懂得如何分析利用人的心理，来保护自己。她一直说我父亲聪明，其实他只会玩，她才是真正的聪明。"亲戚们回忆起她，总说她是个脸上常常有活泼笑容的女子，总是让人感觉愉快。跟她在一起，空气都好像是经过蜂蜜的熏染一样。

这样的戴西，谁能想像她能经受住后来时代和命运带给她的种种折磨？然而她真的做到了，真正如庄子所说，唯止能止众止。

在1963年以后，戴西和儿子住在上海市区一个狭小的亭子间里，两个人一个月只有24元钱。冬天的时候，从农场干完活回家，她常常要在隔壁的小面馆要一碗清汤素面，8分钱。在农场，她住在鸭棚里，在烂泥地上铺上一层稻草，然后就睡在上面。农场里的人分配给这个"资本家大小姐"的工作是倒粪桶，不只是劳动，还有侮辱的意思。或许那些人是想看看这个曾经高高在上、养尊处优的富家女是怎样在最肮脏的劳动中流泪吧。可是戴西表情平静地接受了。

她在农场里倒粪桶、盖房子、烧锅炉，这种种艰苦的工作是她过去连做梦都不曾想像过的，可是她总是愉快地告诉儿子："你妈妈都能做，没有什么做不来的。"那个时候，这个外表柔弱的女子，开始从她如水的内心里散发出惊人的力量。农场里开批斗会，让别人揭发她的罪行，让她承认莫须有的事情，让她跪在台上，用扫帚打她的脸。面对这一切污辱，她并没有因此而扭曲自己的性格，也没有变得畏缩和懦弱，她一直都很平静，让自己心如止水。心如止水的人生是没有一切高下念头的。

后来，当外国记者问起戴西在那段岁月的生活时，她笑笑回答说："劳动让我保持了苗条的身材。"她不把自己受的苦说给别人，她让别人看到她一直到老都挺直的背。和其他那些谈起受到迫害就显得无比悲愤的人们不同，戴西不爱说起这些往事，偶尔说起也总是一脸平静：

"如果没有那一段生活，如果我和别的姐妹一样到了国外，继续作郭家小姐，我永远不会知道，我的心还可以这样大。我的生活因为这些更加丰富了。"

戴西的心以她如水的宁静和柔婉，淡淡地散发着钻石般明亮的光芒。她是水，她不抗拒生活加诸于她的种种磨难，所以那些艰苦和磨难就都微不足道了，不能够影响到她内心的平静。这样的戴西，让人看到一个智慧而理性的女子，虽然温婉柔弱，沉着安然，但却无法击倒。

时至今日，我们或许不会像戴西的一生那样大起大落，或许也不会像她那样经历众多痛苦和侮辱，可是为什么我们面对生活时的恐惧却比她更多更深？反观自心就会明白，我们的心太过动荡，不能静止。如果我们可以像戴西一样静心如水，就会像她一样平静地面对生活，在磨难中坚强起来。

别逞一时之气

真英雄之所以是真英雄，不仅在于他的勇猛或胆识过人，更在于他的肚量和策略，他不与小人一般见识，不逞一时之气。比如说有人骂某个人，被骂者一般都会血脉贲张，愤然回骂，其实这是一种下策，逞了一时之快，结果却往往适得其反；而有英雄气概的人，则会以气度和策略，不战而屈人之兵。

比如，一次会议上，主办单位中的一个人和一位来宾有过过节。当这位来宾发言时，他当着二三十位来宾的面，把那个人骂了一顿，扯了很多旧账，而且用词尖刻；人们都很担心场面会失控，但被骂的那个人却一点表情也没有，一句话都不回。结果骂人的慢慢骂不下去，匆匆收拾桌上的文件走了。

姑且不论他们二人的是非恩怨,倒是应该佩服被骂的那个人的气度,换成别人,早就拍桌子挥拳也说不定。

这是对付指责谩骂的最好方法。为什么呢?

第一,打架要有对手才能"打",对方还手,才能越打越起劲,若对方不还手,这个架就打不下去了。吵架也是如此,人若不还口,对方也会骂不下去。

第二,你若不还口,对方气势会越来越弱,此时会出现几个状况,一是草草收场;二是下不了台,脸红脖子粗地硬撑场面,最后气急败坏地鸣金收兵。

第三,不管你有理还是无理,骂不还口,都可以"塑造"你的"弱者"姿态,引发旁人的同情;当然,相对的,也会引发旁人对骂者的不以为然。

有个政治家常使用这个方法——当有人骂他时,他先是沉默,当对方骂完时,他则笑着说:"对不起,你刚刚说的我没听清楚,是不是请你再说一遍?"对方会不会再骂他一遍?看来是不可能的,因为他骂完,气势已经下降,不可能在刹那之间重新处于既高且壮的状态。而且人家不吭声地让你骂,再这么一说,你哪有脸再骂人一次?

能够做到骂不还口,气定神闲,应该也算一种英雄气概。这不仅反映出他内心所拥有的真正昂扬的志气,而且显示出他的镇定和大度,心中不存争强斗胜傲气逼人的狭隘思想。

刚柔相济，以柔克刚

柔中含刚，刚中存柔，刚柔相济，不偏不倚，才是中国人处世的智慧也是实际生活中有效解决问题的法宝。这一理想化的处世方式，用一个小小的太极图去表现最为形象。在一个圆圈中有一条白色的阳鱼和一条黑色的阴鱼，阳鱼头抱阴鱼尾，阴鱼头抱阳鱼尾，互相纠结，浑融婉转，恰成一圆形，无始无终，无头无尾，无前无后，无高无下。最妙的是阴鱼当中有阳眼，阳鱼当中有阴眼，相互包容，相互蕴涵，相互激发，相互转化而又相互促生。这正是刚柔并济的哲理。

春秋时期，郑国的子产出任宰相的时候，正值郑国内忧外患之时，处境十分困难。子产一方面以大刀阔斧的政治手腕使国内政治步入轨道；另一方面又积极展开外交活动，功绩斐然，从而改变了郑国的困难处境。

当时朝廷有许多暴政扰民，老百姓对朝廷多有怨恨。子产建议废除暴政，他说："国家如果不为百姓设想，只会盘剥取利，那么百姓就视国家为仇人了，这样的国家是不会兴旺发达的。给百姓一些好处，好比放水养鱼一样，国家看似暂时无利，但实际上大利还在后边，并不会真正吃亏的。"郑国大族公孙氏在郑国很有影响，为了安抚他们，子产就格外照顾公孙氏，一次竟把一座城邑作为对他们的奖赏。子产的下属太叔表示反对，说："让国家吃亏而讨公孙氏的欢心，天下人就会认为你出卖国家，你愿意背上这样的罪名吗？"

子产说："每个人都有他的欲望，只要满足了他的欲望，就可以役使他了。公孙氏在郑国举足轻重，如果他们怀有二心，国家的损失会更

大。我这样做可促使他们为国效力，对国家并无损害。"

几年之后，郑国由于子产的改革，使全国人民的生活水平臻于富裕安康，渐渐步入强国的行列。

百姓常在乡校休闲聚会，非议政府的政策，大夫然明向子产建议关闭乡校，但子产不同意，他说："为什么要毁掉乡校呢？百姓在一天工作完毕之后，聚集在一起批评我们的施政得失，我们可以参考他们的意见，对获得好评的政策继续努力推展，对于获恶评的施政虚心改善，他们岂不是相当于我们的恩师？我听说尽力做好事可以减少怨恨，没听说过依权仗势可以来防止怨恨的。如果以强制的手段封闭他们的言论，就如同要切断水流，最终使河水决堤造成大洪水而产生重大损失一般，到时抢救都来不及了。不如在平时就任随水流倾泻以疏通水路。对于人民的言论，堵塞不如疏通，这才是治乱的根本。"然明说："我从现在起才知道您确实可以成大事，我的确不如你啊。"

在子产的这段话中，或者说是在他的施政方法上，可以看出他对水之本性的深刻理解。这种理解也就是他实行刚柔相济政策的依据。

如果我们在生活中和子产一样明智，能够刚柔并济，以柔克刚，以退为进，那么无论是工作还是学习，都可以以一种平衡的状态去实施。因为子产的明智，在他死后，郑国人凡是男子都舍弃玉制装饰品，妇人都舍弃珠珥，男女都在巷口恸哭，三个月不闻音乐之声。这是由于子产像水一样浸透了大地，他所浸透的地方就能生长出草木，所以老百姓是这样的爱戴他。

大到管理一个国家，小到管理一个企业，甚至是经营一个家庭，都有着与子产的施政措施相通的地方，都可以运用到水的智慧。而这同样也是道的智慧。

身居领导之职的人，或者是一家之长，都要有这样的觉悟：对下属或家人，切不可以过于严苛，也不可以过于宽大；过严则失去人心，没有人情味，过于宽大则不能立威，无规矩不能成方圆。当然，在细节上还是有着不同的，管理企业要更偏于刚一些，而经营一个家庭则更注重宽柔。但是无论是哪一种，作为领导者或是家长，都应该像水润草木一样，要把企业或家庭的利益放在前面。这也就需要有一颗静如止水的心灵，需要它能够明鉴万物，不受蒙蔽了。

必须指出的是，不论在历史中还是现实中，人们做人处事时往往是刚者居多，柔者居少，只知进取的多，明了后退之理的少。虽然人们都知道以柔克刚的道理，可是由于贪婪、暴躁、逞一时之快、急功近利、目光短浅等人性中的弱点，人们一般不去施用，或是施行得不好。这就需要从老庄之道中吸取智慧了。

弱势情况下不必硬充好汉

人生攻略，当以保身为前提的。如果不能保全自己，盲目攻取便失去了意义。做大事的人须有大智慧，智慧不足是无法应对纷繁万变的事物的。倘若不顾现实，硬充好汉，自己便要受害了。

西汉景帝时，窦婴担任大将军之职，是朝廷中的百官之首。做这样的高官，巴结他的人很多，窦婴也十分得意。

朝中大将灌夫为人耿直，是个典型的武夫，他不仅不去讨好自己的顶头上司，反在私下里说："人们都是势利眼，太无耻了，正人君子是不会这样的。"

窦婴后来知道此事，就向灌夫说："你不喜欢我，不和我结交就是了，为何还要挖苦我呢？"

灌夫也不回避，回答说："我心直口快，想说什么就说什么，我只想提醒你不要太骄傲，否则就乐极生悲了。"

窦婴没有责怪他，却好心对他说："你这个人有勇无谋，虽然刚直，但难当大事。如若碰上奸诈小人，吃亏的一定是你。我不和你计较，难道别人也会原谅你吗？"

灌夫是个十足的好人，他对上不巴结，对下却是恭敬尊重，不敢有一点怠慢。当别人都赞赏他这一点时，有位朋友却表示了忧虑，他说："在朝廷做官，就要不违朝廷的规矩。现在是官大一级压死人，你顶撞上司，反而讨好下属，这哪里是晋升之道呢？你不识时务，反以为荣，早晚必惹大祸。"

后来窦婴被免职，孝景皇后的弟弟田蚡当上了丞相。田蚡是个十足的小人，灌夫十分看不起他。

百官开始巴结田蚡，灌夫却和窦婴来往密切。窦婴十分感动，说："我得势时，你从不和我交往，现在你不去趋炎附势，可见你为人的君子品德。"

灌夫心中高兴，他的朋友又给他泼了一盆冷水，说："你的言行不合官场之道，实属不智之举。作为下级，你疏远丞相，结交失势的人，这虽是君子行为，却也难为小人所容。表面文章还是要做的，你该有所反省了。"

田蚡骄横，对灌夫早就看不上眼了，他时刻想整治他。

一次，在酒宴上，灌夫和田蚡发生了冲突，田蚡借机将他关进大牢。窦婴为了救灌夫、四处奔走，也被田蚡诬陷。结果，灌夫和窦婴一起遇害。

这件事以田蚡大胜收场，人们为灌夫、窦婴悲伤的同时，不能不为他们的无智而痛惜。可以说，灌夫和窦婴是死在有勇无谋上，假如他们机智一些，不使蛮力，结局就会完全不同了。在对敌斗争中，勇气要有，智谋更不可缺。和狡诈过人的对手相抗，就要有超过他们的智计才

有胜算。如果没有这方面的把握，就不要轻易出击，而要耐心筹划。

唐高祖李渊起兵造反时，当时的晋阳县令刘文静积极响应，立下不小功劳。裴寂是刘文静的朋友，刘文静和他无话不谈，还多次向李渊夸奖裴寂的才能。

唐朝建立后，论功行赏，不想刘文静的官职远在裴寂之下。刘文静心中恼怒，于是平日多了许多牢骚。

有人劝刘文静说："你虽有才干，却缺少处事的谋略。你每次都和皇上力争，自认有理便不谦让，皇上会喜欢你吗？而那裴寂却会做人，他事事都恭颂皇上，讨皇上欢心，难怪他要位居你之上了。"

刘文静不服气，说："我为国尽忠，怎会无故讨好皇上呢？裴寂是个奸诈小人，我一定要除掉他。"

于是，刘文静在面见李渊时，都要指出裴寂的错失，他还动情说："亲贤臣远小人，这样国运才能长久，皇上不可再受小人蒙蔽了。裴寂只会讨取皇上欢心，而不干实事，这哪里是忠臣所为呢？"

面对刘文静的进攻，裴寂完全采取了另一种应对方式，他不直接攻击刘文静，反装出一副委屈的样子，说："刘文静功劳实在太大，他瞧不起我是应该的，我并不恨他。我只是担心，他如此居功自傲，恐怕连皇上都不敬畏了，这就是大患了。"

李渊被捅到了痛处，马上对刘文静厌恶起来。他开始极力为裴寂辩护，对刘文静总是不留情面地斥责。

刘文静更加苦恼，有人就劝他改变方法，不正面攻击裴寂，说："裴寂虽是小人，可他的阴谋手段不能小看。他能迷惑皇上，你还敢轻视他吗？你要多用些智计，讲究些方法，和他正面冲突不可取。"

刘文静和弟弟刘文起饮酒时，忍不住又破口大骂裴寂。一时性起，他竟拔出刀子，砍击屋中木柱。刘文静一位失宠的小妾把他的牢骚话告诉了自己的哥哥，她哥哥为了邀功领赏，竟向朝廷诬告他谋反。

第五章 >>> 不要非得与人争高下

105

裴寂受命审理此案，他趁机劝说李渊杀了刘文静，以绝后患。于是，李渊也不听刘文静申辩，就下令将他处死。

刘文静死得虽冤，但他行事莽撞，不讲谋略却是祸首。他完全失去了理智，自乱阵脚，结果让对手抓住了机会，反击得手。

许多人看似聪明，可到了关键的时候，他就显得十分愚笨了。这终是智慧不足的表现，此时最重要的是需要反省自己，调整方向，不能一味固执。自己无法胜任的事，就不要做了，至死坚持是最不明智的。

骄矜的人无知，自知的人智慧

骄矜，是指一个人骄傲专横，傲慢无礼，自尊自大，好自夸，自以为是。这样的人在现实生活中还是经常能看到的。自我克制，常常能发现自己不如别人的地方，虚心接受别人的批评指正，虚以处己，礼以待人，不自是，不屈功，择善而从，自反自省，忍狂制傲，方可成大事。

具有骄矜之气的人，大多自以为能力很强，做事比别人强，看不起他人。由于骄傲，则往往听不进去别人的意见；由于自大，则做事专横，轻视有才能的人，看不到别人的长处。

《劝忍百箴》中对于骄矜这个问题这样说：金玉满堂，没有人能够把守住。富贵而骄奢，便会自食其果。国君对人傲慢会失去政权，大夫对人傲慢会失去领地。魏文侯接受了田方子的教诲，不敢以富贵自高自大。骄傲自夸，是出现恶果的先兆；而过于骄奢注定要灭亡。人们如果不听先哲的话，后果将会怎样呢？贾思伯平易近人，礼贤下士，客人不理解其谦虚的原因。思伯回答了四个字：骄至便衰。这句话让人回味无穷，咳，怎么能不忍耐呢？

确实是这样。现代人最大的问题,就是骄矜之气盛行。千罪百恶都产生于骄傲自大。骄横自大的人,不肯屈就于人,不能忍让于他人。做领导的过于骄横,则不可能很好地指挥下属;做下属的过于骄傲,则会不服从领导;做儿子的过于骄矜,眼里就没有父母,自然不会孝顺。

骄矜的对立面是谦恭,要忍耐骄矜之态,必须是不居功自傲,自我约束。常常考虑到自己的问题和错误,虚心地向他人请教学习。

固执自己见解的人,会不明白事理;自以为是的人,不会通达情理;自傲者,不会获得成功;自夸的人,他所得到的一切都不会保持长久。

太平军攻破向南大营后,清将向荣战死,太平军举酒相庆,歌颂太平军东王杨秀清的功绩。天王洪秀全更深居不出,军事指挥全权由杨秀清决断。告捷文报先到天王府,天王命令赏罚升降参战人员的事都由杨秀清做主,告谕太平军诸王。像韦昌辉、石达开等虽与杨秀清等同时起事,但地位低下如同偏将。

清军大营既已被攻破,南京再没有清军包围。杨秀清自认为他的功勋无人可比,阴谋自立为王,胁迫洪秀全拜访他,并命令他在下面高呼万岁。洪秀全无法忍受,因此召见韦昌辉秘密商量对策。韦昌辉自从江西兵败回来,杨秀清责备他没有功劳,不许入城;韦昌辉第二次请命,才答应。韦昌辉先去见洪秀全,洪秀全假装责备他,让他赶紧到东王府听命,但暗地里告诉他如何应付,韦昌辉心怀戒备去见东王。韦昌辉谒见杨秀清时,杨秀清告诉他别人对他呼万岁的事,韦昌辉佯作高兴,恭贺他,留在杨秀清处宴饮。酒过半旬,韦昌辉出其不意,拔出佩刀刺中杨秀清,当场穿胸而死。韦昌辉向众人号令:"东王谋反,我暗从天王那里领命诛杀他。"他出示诏书给众人看,又剁碎杨秀清尸身让众人咽下,命令紧闭城门,搜索东王一派的人予以灭除。

东王一派的人十分恐慌,每天与北王一派的人斗杀,结果是东王一派的人多数死亡或逃匿。洪秀全的妻子赖氏说："祛除邪恶不彻底，必留祸。"因而劝说洪秀全以韦昌辉杀人太酷为名，施以杖刑，并安慰东王派的人，召集他们来观看对韦昌辉用刑，可借机全歼他们。洪秀全采用了她的办法，而突然派武士围杀观众。经此一劫，东王派的人差不多全被除尽，前后被杀死的多达三万人。

一个谦虚的人必然能够博采众长，用以充实自己，还会自觉地改过从善，提高自己的修养，并能得到别人的尊重。《老子》中说："知不知，尚矣；不知知，病也。圣人不病，以其病病。夫唯病病，是以不病。"讲的是知道自己有所不知，有不足之处，有欠缺的地方，这是明智的人。不知道却自以为知道，唯恐别人不知道自己知道，这才是真正的毛病之所在。圣人已经很完美了，没有缺陷了，却忧虑自己有过失，有毛病，谦虚自省，正是这样检查自身的过失、错误、毛病，才能真正地没有过失，所以虚其心，受天下之善。

世界上有些自以为是、沾沾自喜、自高自大的人，目光短浅，犹如井底之蛙。骄傲使人变得无知，让真正有识之士看了发笑。《王阳明全集》卷八中这样写道："今人病痛，大抵只是傲。千罪百恶，皆从傲上来。傲则自高自是，不肯屈下人。故为子而傲必不能孝，为弟而傲必不能悌；为臣而傲必不能忠。"因此狷狂必忍，否则害人害己。如何忍傲忍狂？王阳明认为：狷狂、傲慢的反面是谦，谦逊是对症之药。人真正的谦虚不是表面的恭敬，外貌的卑逊，而是发自内心地认识到狷狂之害，发自内心的谦和。

第六章

给别人退路即给自己出路

中国自古就有"君子宽于待人,严于责己"的说法。在为人处世中,让一步为高,退步即进步的张本;宽一分是福,利人是利己的根基。给别人方便也是日后给自己留下方便,给别人退路,也是给自己留有从容的退路。凡成功人士,大多深谙此道。

让步是高，宽以待人

处世让一步为高，退步即进步的张本；待人宽一分是福，利人实利己的根基。为人处世能够做到忍让是很高明的方法，因为退让一步往往是更好地进步的阶梯；对待他人宽容大度就是有福之人，因为在便利别人的同时也为方便自己奠定了基础。

齐国相国田婴门下，有个食客叫齐貌辩，他生活不拘细节，我行我素，常常犯些小毛病。门客中有个士尉劝田婴不要与这样的人打交道，田婴不听，那士尉便辞别田婴另投他处了。为这事门客们愤愤不平，田婴却不以为然。田婴的儿子孟尝君便私下里劝父亲说："齐貌辩实在讨厌，你不赶他走，倒让士尉走了，大家对此都议论纷纷。"

田婴一听，大发雷霆，吼道："我看我们家里没谁比得上齐貌辩。"这一吼，吓得孟尝君和门客们再也不敢吱声了。而田婴对齐貌辩却更客气了，住处吃用都是上等的，并派长子伺奉他，给他以特别的款待。

过了几年，齐威王去世了，齐宣王继位。宣王喜欢事必躬亲，觉得田婴管得太多，权势太重，怕他对自己的王位有威胁，因而不喜欢他。田婴被迫离开国都，回到了自己的封地薛（今山东省藤县南）。其他的门客见田婴没有了权势，都离开他，各自寻找自己的新主人去了，只有齐貌辩跟他一起回到了薛地。回来后没过多久，齐貌辩便要到国都去拜见宣王。田婴劝阻他说："现在宣王很不喜欢我，你这一去，不是去找死吗？"

齐貌辩说："我本来就没想要活着回来，您就让我去吧！"

田婴无可奈何，只好由他去了。

宣王听说齐貌辨要见他，憋了一肚子怒气等着他。一见齐貌辨就说："你不就是田婴很信从、很喜欢的齐貌辨吗？"

"我是齐貌辨。"齐貌辨回答说，"靖郭君（田婴）喜欢我倒是真的，说他信从我的话，可没这回事。当大王您还是太子的时候，我曾劝过靖郭君，说：'太子的长相不好，脸颊那么长，眼睛又没有神采，不是什么尊贵高雅的面目。像这种脸相的人是不讲情义，不讲道理的，不如废掉太子，另外立卫姬的儿子郊师为太子。'可靖郭君听了，哭哭啼啼地说：'这不行，我不忍心这么做。'如果他当时听了我的话，就不会像今天这样被赶出国都了。"

"还有，靖郭君回到薛地以后，楚国的相国昭阳要求用大几倍的地盘来换薛这块地方。我劝靖郭君答应，而他却说：'我接受了先王的封地，虽然现在大王对我不好，可我这样做对不起先王呀！更何况，先王的宗庙就在薛地，我怎能为了多得些地方而把先王的宗庙给楚国呢？'他终于不肯听从我的劝告而拒绝了昭阳，至今守着那一小块地方。就凭这些，大王您看靖郭君是不是信从我呢？"

宣王听了这番话，很受感动，叹了口气说："靖郭君待我如此忠诚，我年轻，丝毫不了解这些情况。你愿意替我去把他请来吗？我马上任命田婴为相国。"

田婴待人宽和，终因此而复相位。

为人处世，忍让为本。但律己宽人同样是种福修德的好根由。为人在世，谁也保证不了不犯错误，谁也难免得罪人，但能得到人家的宽容，你自然会感激不尽。当然，人家也会冲撞于你，冒犯于你，若你能宽容待之，人家就会认为你坦诚无私，胸襟广阔，人格高尚，于是你的身边会挚友云集，与你肝胆相照。如此，哪怕是陷于困境之地，你还怕没有出路吗？

关键时刻帮人一把，人就助你一臂之力

你在关键时刻帮人一把，别人也会在重要时刻助你一臂之力！要想让别人将来帮助你，你就必须先付出精力去关心别人、感动别人，这样才能得到别人的回报。因此，高明的做人艺术便是：雪中送炭最能温暖人心，换句话就是：救人之所急！

范仲淹是一位充满人格魅力的宋代杰出政治家，除了忧国忧民的忧患意识支配着他一生的行动外，他还乐意帮助那些需要帮助的人。

范仲淹在睢阳做学官时，经常以自己的薪俸资助穷苦的读书人。曾有个孙秀才，特意来请求他接见，范仲淹很关心他，见过以后送给他十个铜钱。

第二年，这位孙秀才又来了，范仲淹又赠给了十个铜钱。范仲淹问他："你这样辛苦地来回跑路，究竟为什么？"孙秀才悲伤地回答："因为我没有办法养活老母亲，只好这样奔波，来求得一些帮助。倘若我每天能有一百铜钱的收入，就足够维持生活了。"

范仲淹说："我看你不是一个专门向人乞讨混日子的人。这样辛苦奔波能得到多少资助？我替你补一个学职，每月有三千的薪俸可供衣食之需。但有了这个安排以后，你能安心在学业上下工夫吗？"

孙秀才特别高兴，一再拜谢，一再表示要在学业上下工夫。于是，范仲淹安排他研习《春秋》。孙秀才果然十分刻苦，日夜抓紧学习，而且行为谨慎，严于约束自己，范仲淹很喜欢这个人。过了一年，范仲淹的职务调动，孙秀才也结束学业回去了。

10年以后，人们都说在泰山之下有位教授《春秋》的学者孙明复

先生，学问和修养都很好，受到人们的赞誉。朝廷把这位先生请到太学来，原来就是当年贫穷的孙秀才。范仲淹颇有感触地说："贫穷，对于人来说，真是个大的困难。如果衣食没保证，到处奔波，寻求帮助，一直到老，即使是孙明复那样的人才，也就被埋没了。"

主动支援一时经济拮据的朋友，使其免除后顾之忧，尽力帮助朋友安心学习，使其早日金榜题名，等等，凡是在关键时刻，你伸出热情之手，予以大力支持，使之功成事就，都可以说是"救人之所急"，这应该算得上是人类最美好的情操之一。

20世纪70年代初，石油危机波及中国香港。香港的塑胶原料全部依赖进口，香港的进口商趁机垄断价格，将价格炒到厂家难以接受的高位。不少厂家因此被迫停产，濒临倒闭。

在这个关系许多企业命运的时刻，李嘉诚毫不犹豫地站到了风口浪尖上。在他的倡议和牵头下，数百家塑胶厂家入股组建了联合塑胶原料公司。

原先单个塑胶厂家无法直接由国外进口塑胶原料，是因为购货量太小，现在由联合塑胶原料公司出面，需求量比进口商还大，因此可以直接交易。所购进的原料，按实价分配给股东厂家。在厂家的联盟面前，进口商的垄断不攻自破。笼罩全港塑胶业两年之久的原料危机，一下子烟消云散。

李嘉诚在救业大行动中，还将长江公司的13万磅原料以低于市场一半的价格救援停工待料的会员厂家。直接购入国外出口商的原料后，他又把长江本身的20万磅配额以原价转让给需求量较大的厂家。危难之中得到李嘉诚帮助的厂家达几百家之多，因而，李嘉诚被称为香港塑胶业的"救世主"。

俗话说，患难见真情。李嘉诚救人危难的义举，为他树立起崇高的商业形象，他的信誉和声望无疑又会回馈他无尽的生意和财富。我们且不论李嘉诚是否有更高层次的思想意识。我们就以商论商，李嘉诚此举，无疑是经商的上乘之作。

要懂得容人，气量要宽厚

立身处世不能太过清高，对于污浊、屈辱、丑恶的东西要能够承受，与人相处不能太过计较，对于善良的、邪恶的、智慧的、愚蠢的人都要能够理解包容。包容就是给别人退路，在别人犯错的时候，给别人一个台阶下，这样，当他意识到自己错误后，就会时常念及你的宽容之情。俗话说，多个朋友，多条路，当你宽容别人，给别人退路的时候，你也为自己多修了一条出路。

南宋时，金兀术采用火攻，烧毁了韩世忠的海舰，韩世忠退至镇江，收集残兵，只剩三千多名，还丧了两员副将，一是孙世询，二是严允。韩世忠懊丧万分。

梁夫人劝道："胜败乃兵家常事，事已如此，追悔也莫及了！"

韩世忠答道："昨日还接奉上谕褒奖，现在竟弄得丧兵折将，我将如何向皇上交代呢？"

于是，韩世忠上章自劾。

高宗接到了韩世忠自劾的奏章，正想下诏处分时，忽然接到太后手谕。

太后在手谕中告诉高宗，三军易得，一将难求。像韩世忠这样的人，忠勇无比，世上无人可与他匹敌，现在因寡不敌众，以致先胜后败，应当宽其既往，以鞭策将来，不必加罪责备，让勇士寒心。

高宗阅后恍然大悟，便照太后所说的办。

韩世忠原来以为打了败仗，皇上定要加以处分。忽然有一日，卫兵进来报告说："钦使到了，请将军接旨。"

韩世忠连忙更换朝服出迎，跪听宣读诏书，不禁喜出望外。原来诏书中一味褒奖，并无半句责备语，诏书中说："世忠部下仅有八千人，能摧金兵十万之众，相持至48日，屡次获得胜利，擒斩贼虏无数，今日虽然失败，功多过少，不足为罪，特拜检校少保兼武成感德节度使，以示劝勉。"

韩世忠心中非常感动，拜受诏命，送钦使回朝后，就捧着诏书，回到内衙，给梁夫人看，梁夫人说："皇上这样待咱们，咱们更应多杀敌，报效朝廷。"

在以后的抗金战斗中，韩世忠的军队更加英勇杀敌，多次取得胜利。

胜败乃兵家常事，高宗听从太后之计，没有处分韩世忠，反而加官晋爵，使韩世忠感恩戴德，更加为朝廷效力。

心胸狭窄之人，无论在安邦治国，还是在图谋个人方面的发展上，都不可能成大器。俗话说，宰相肚里能撑船，其主旨就是要有广阔的胸襟、宽容的雅量，能容纳一切荣辱冷暖，方能治国经世。用人之道如此，为人之道也是如此。

顺着对方的意图来

很多人在做事情的时候，总爱以自己的思想来揣测别人的想法。这种人永远也不能获得别人的认同，从而使双方的合作只能以失败告终。很多时候，我们应该退一步，顺着别人的意图来，让别人觉得你是"自己人"，这样做就可以更顺利地达到自己的目的。

罗斯福做纽约州长的时候，完成了一项特殊事业。他与其他政治首脑们感情并不好，但他却能推行他们最不喜欢的改革。

他是如何做到的呢？

当有重要位置需要补缺的时候，罗斯福请政治首脑们推荐。

"最初，"罗斯福说，"他们会推荐一个能力很差的人选，一个需要'照顾'的那种人。我就告诉他们，任命这样一个人，我不能算是一个好的政治家，因为公众不会同意。"

"然后，他们向我提出另一个工作不主动的候选人，是来混差事的那种人。这个人工作没有失误，但也不会有什么很好的政绩，我就告诉他们，这个人也不能满足公众的期望，我请他们看看，能不能找到一个更适合这个位置的人。"

"他们的第三个提议是一个差不多够格的人，但也不十分合适。"

"于是我感谢他们，请他们再试一次。他们这时就提出了我自己选中的那个人。我对他们的帮助表示感谢，然后我说就任命这个人吧。我让他们得到了推荐的人选的功劳……我请他们帮我做这些事，为的是使他们愉快，现在轮到他们使我愉快了。"

他们真的这样做了。

他们赞成各种改革，如公民服役案、免税案，等等，这使罗斯福工作愉快。

当罗斯福任命重要人员时，他使首脑们真正地感觉到，是他们"自己"选择了候选人，那个任命是他们最早提出的。艾登·博格基尼是美国著名的音乐经纪人之一。他曾做过许多世界著名演唱家的经纪人，并且十分成功。

众所周知，明星是最难处的，由于舆论和社会的吹捧，他们的身价十分高。这从客观上使他们形成了一种孤高、不可一世的气质。他们那

种不合作的态度时常令一些音乐经纪人十分头痛。

卡尼斯·基尔勃格是美国著名的男高音歌唱明星，他那浑厚、激昂的声音赢得了众人的青睐。但就是这种青睐，使他养成了一种坏脾气。但是，艾登·博格基尼却成功地做了他的音乐经纪人达5年之久。说到其中奥妙，艾登·博格基尼谈了一件令他难忘的事：

一次演出的头天晚上，卡尼斯·基尔勃格在与朋友的聚会上不小心吃了一块辣椒。结果可想而知。万幸的是及时采取了措施，还没有什么大的妨碍。

但是当天下午4点，卡尼斯·基尔勃格打电话给艾登·博格基尼，说他的嗓子又痛了起来，无法演出。

这下急坏了博格基尼，他立刻赶到了基尔勃格的住所，询问他的情况。他十分明智，没有提当天晚上的事，只是叮嘱他好好休息。

下午6点，博格基尼又来询问了一次，基尔勃格看起来仍十分难受，博格基尼只好压住焦急的情绪，安慰了他几句。

晚上7点，仍不见好转，博格基尼对基尔勃格说：

"既然你仍不能进入状态，那就只好取消这次演出了，虽然这会使你少收入几千美元，但这比起你的荣誉来，算不了什么。"就在博格基尼驱车前往纽约歌剧院，打算取消这次演出时，基尔勃格终于打电话来了，他说他愿意今天晚上参加演出，因为，如果他不这样做的话，他就对不起博格基尼了，是博格基尼的慰藉使他恢复了状态。

在上述两个故事中，罗斯福和博格基尼都没有直接说出自己的意思，而是顺着对方的意图，晓以利害，这样就使他们自觉地回到罗斯福和博格基尼的"圈套"里来了。这其实是一种高明的退中有进的手段，既达到目的，又不露痕迹。

所以说，哪怕你拥有强势，也不要尽显强势，掌握一定尺度地顺着别人的思路来，往往能在交往中无阻无碍，办事时顺顺利利。

从别人的角度考虑问题

如果你对别人指手画脚，有时会激起他们的逆反心理，导致事情走向你所希望的结果的反面。而若是从对方的立场出发，将他的思路引导到你的思路上来，让他站到你所搭建的舞台上，往往会更容易达成自己的目的。

著名的牧师约翰·古德诺在他的著作《如何把人变成黄金》中举了这样一个例子：多年来，作为消遣，我常常在距家不远的公园散步、骑马，我很喜欢橡树，所以每当我看见小橡树和灌木被不小心引起的火烧着，就会非常痛心，这些火不是粗心的吸烟者引起，它们大多是那些到公园里体验土著人生活的游人引起，他们在树下烹饪而烧着了树。火势有时候很猛，需要消防队才能扑灭。

在公园边上有一个布告牌警告说：凡引起火灾的人会受到罚款甚至拘禁。但是这个布告竖牌在一个很不显眼的地方，儿童更是不能看到它。有一位警察负责保护公园，但他很不尽职，火灾经常发生。有一次，我跑到一个警察那里，告诉他有一处着火了，而且蔓延很快，我要求他通知消防队，他却冷淡地回答说，那不是他的事，因为不在他的管辖区域内。我急了，所以从那以后，当我骑马出去的时候，我担任自己委任的'单人委员会'的委员，保护公共场所。当我看见树下着火，我非常着急。最初，我警告那些小孩子，引火可能被拘禁，我用权威的口气，命令他们把火扑灭。如果他们拒绝，我就恫吓他们，要将他们送去警察局——我在发泄我的反感。

结果呢？儿童们当面服从了，满怀反感地服从了。在我消失在山后边时，他们重新点火。让火烧得更旺——希望把全部树木烧光。这样的事情发生多了，我慢慢教会自己多掌握一点人际关系的知识，用一点手段，一点从对方立场看事情的方法。

于是我不再下命令，我骑马到火堆前，开始这样说："孩子们，很高兴吧？你们在做什么晚餐？……当我是一个小孩子时，我也喜欢生火玩，我现在也还喜欢。但你们知道在这个公园里，火是很危险的，我知道你们没有恶意，但别的孩子们就不同了，他们看见你们生火，他们也会生一大堆火，回家的时候也不扑灭，让火在干叶中蔓延，伤害了树木。如果我们再不小心，我们这儿就没有树了。因为生火，你们可能被拘下狱，我当然不愿意干涉你们的快乐，我喜欢看你们玩耍。请你们马上将树叶耙得离火远些，好不好？在你们离开以前，请你们小心用土将火盖起来，好不好？下次你们再玩时，请你们在那边沙堆上生火，好不好？那里不会有危险……多谢，孩子们，祝你们快乐！"

这种说法产生的效果有多大！它让儿童们乐意合作，没有怨恨，没有反感。他们没有被强制服从命令，他们觉得好，我也觉得好。因为我考虑了他们的观点——他们要的是生火玩，而我达到了我的目的——不发生火灾，不毁坏树木。

戴尔·卡耐基也讲过一个与此类似的事例：

克利夫兰市的史坦·迪瓦克先生一天晚上下班回家，发现他的小儿子迪米躺在客厅地板上又哭又闹。迪米明天就要开始上幼儿园，但他却不肯去。要是在平时，史坦的反应就是把迪米赶到房间里去，叫他最好还是决定去上幼儿园，没有什么好选择的。但是在今天晚上，他认识到这样做并不太好，哪怕迪米迫于无奈最终去了，也不会有什么好心情的。史坦坐下来想，"如果我是迪米，我为什么会高兴地去上幼儿园？"他和他太太就列出了所有迪米在幼儿园会喜欢做的事情，如用手指画画、唱歌、交新朋友。然后他们就采取行动。

我们——我太太、我另一个儿子鲍勃，以及我——开始在厨房的桌子上画指画，我们做出兴趣盎然的样子。没过多久，迪米就在旁边偷看起来，然后他就要求参加。

"不行，你必须先到幼儿园学习怎样画指画。"

然后，我以他能够听懂的话，把我和我太太在表上列出的事项绘声绘色地解释给他听——告诉他所有他会在幼儿园里得到的乐趣。第二天早晨，我以为我是全家第一个起床的人。我走下楼来，发现迪米坐着睡在客厅的椅子里。

"你怎么睡在这里呢?"'我等着去上幼儿园。我不想迟到。'他说。我们的努力奏效了，由于正确地把握了迪米的心理，上幼儿园已经成了迪米一种自发的、强烈的渴望，这是苦口婆心的劝说或威胁恐吓所不能做到的。

明天，也许你会劝说别人做些什么事情。在你开口之前，先停下来问自己："我如何使他心甘情愿地做这件事呢?"这个问题，也许可以使我们不至于冒失地、毫无结果地去跟别人谈论我们的愿望。上面这两个生动的事例都证明了这一点。如果我们托人办事——借别人出面出力去做成我们筹划的事——这种策略肯定是应该首先考虑的：以对方的眼光和情感作为切入角度，引导他"变成"自己，这样，他自然会乐意爽快地"替"你把事情给办好。

以退让化解麻烦

韬略之人的最大特点就是懂得方圆之道，懂得退让之策。他们能审时度势，藏巧于拙。由此，任何麻烦之事都能于玩掌之中轻松地化解。

明朝正德年间，朱宸濠起兵反抗朝廷。王阳明率兵征讨，一举擒获朱宸濠，建了大功。当时受到正德皇帝宠信的江彬十分嫉妒王阳明的功绩，以为他夺走了自己大显身手的机会，于是，散布流言说："最初王阳明和朱宸濠是同党。后来听说朝廷派兵征讨，才抓住朱宸濠以自我解脱。"从而想嫁祸并抓住王阳明，作为自己的功劳。

在这种情况下，王阳明和张永商议道"如果退让一步，把擒拿朱宸濠的功劳让出去，可以避免不必要的麻烦。假如坚持下去，不做妥协，那江彬等人就要狗急跳墙，做出伤天害理的勾当。"为此，他将朱宸濠交给张永，使之重新报告皇帝：朱宸濠捉住，是总督军门的功劳。这样，江彬等人便没有话说了。

王阳明称病休养到净慈寺。张永回到朝廷，大力称颂王阳明的忠诚和让功避祸的高尚事迹。皇帝明白了事情的始末，免除了对王阳明的处罚。王阳明以退让之术，避免了飞来的横祸。

如果说翟方进以退让之术，转化了一个敌人，那么王阳明则依此保护了自身。

就社会生活而言，积极奋斗、努力争取、勇敢拼搏、坚持不懈的行为，其价值和意义，无疑是肯定的。但韬略型性格的人，更懂得人生的路并不是一条笔直的大道。面对复杂多变的形势，人们不仅需要慷慨陈词，而且需要沉默不语；既需要穷追猛打，也需要退步自守；既应该争，也应该让，如此等等，一句话，有为是必要的，无为也是必要的。

韬略型性格的人，最懂得圆融之道，他们在处理事务中所把握的度最为精明贴切。他们深知在一定的情况下，隐忍是非常必要的。因为，多一分狂态，就会多一分浮躁；多一分狂态，就会多一分轻率。这往往是失败的致命弱点。

学会给领导争面子

要给人争面子，特别是要给领导争面子。就是在领导犯错的时候，帮他开拓出一条退路，有时为了让领导有退路，甚至自己替领导背黑锅在所不惜。

自己勇于承认错误，这是一件难能可贵的事。但我们处于复杂的人际关系之中，有时单有这种优秀品质并不一定够用。所以还要学会替人受过，尤其是替上司背黑锅的本领。领导者是人不是神，决策就必然会有失误之时。即使一贯正确，群众中也可能出现对立面，同领导对着干，这样情况就显得大为不妙。这时候聪明的做法应该是，当领导与群众发生矛盾时，你应该大胆地站出来为领导做解释与协调工作，甚至不妨替他背背黑锅。这最终还是有益于群众利益的。而作为领导人，当最需要人支持的时候你支持了他，也就自然视你为知己。实际上，上级与下属的关系是十分微妙的，它既可以是领导与部下的关系，也可以是朋友关系。诚然，领导与部下身份不同，是有距离的，但身份不同的人，在心理上却不一定有隔阂。一旦你与上级的关系发展到知己这个层次，较之于同僚，你就获得了很大的优势。你可能因此而得到上级的特别关怀与支持。甚至，你们之间可以无话不谈。至此，是否可以预言，你的晋升之日已经为期不远了呢？

某公司部门经理方某由于办事不力，受到公司总经理的指责，并扣发了他们部门所有职员的奖金。这样一来，大家很有怨气，认为方经理办事失当，造成的责任却由大家来承担，所以一时间怨气冲天，方经理处境非常困难。

这时秘书小罗站出来对大家说:"其实方经理在受到批评的时候还为大家据理力争,要求总经理只处分他自己而不要扣大家的奖金。"

听到这些,大家对方经理的气消了一半儿,小罗接着说,方经理从总经理那里回来时很难过,表示下月一定想办法补回奖金,把大家的损失通过别的方法弥补回来。小罗又对大家讲,其实这次失误除方经理的责任外,我们大家也有责任。请大家体谅方经理的处境,齐心协力,把公司业务搞好。

小罗的调解工作获得了很大的成功。按说这并不是秘书职权之内的事,但小罗的做法却使方经理如释重负,心情豁然开朗。接着方经理又推出了自己的方案,进一步激发了大家的热情,很快纠纷得到了圆满的解决。小罗在这个过程中的作用是不小的,方经理当然对她另眼相看。

在日常生活中,尤其是在工作中,很可能会出现这样的情况,某种事情明明是上一级领导耽误了或处理不当,可在追究责任时,上面却指责自己没有及时汇报,或汇报不准确。例如,在某机关中就出现这样一件事,部里下达了一个关于质量检查的通知后,要求各省、地区的有关部门届时提供必要的材料,准备汇报,并安排必要的下厂检查。某市轻工局收到这份通知后,照例是先经过局办公室主任的手,再送交有关局长处理,这位局办公室主任看到此事比较急,当日便把通知送往主管的某局长办公室。当时,这位局长正在接电话,看见主任进来后,只是用眼睛示意一下,让他放在桌上即可。于是,主任照办了,然而,就在检查小组即将到来的前一天,部里来电话告知到达日期,请安排住宿时,这位主管局长才记起此事。他气冲冲地把办公室主任叫来,一顿呵斥,批评他耽误了事。在这种情况下,这位主任深知自己并没有耽误事,真正耽误事情的正是这位主管局长自己,可他并没有反驳,而是老老实实地接受批评。事过之后,他又立即到局长办公室里找出那份通知,连夜加班加点、打电话、催数字,很快地把所需要的材料准备齐整。这样,

第六章 >>> 给别人退路即给自己出路

局长也越发看重这位忍辱负重的好主任了。

为什么他明明知道这件事不是他的责任,而又闷着头承担这个罪名,背这个"黑锅"呢?很重要的一点就在于,这位主任知道,必要的时候必须为上司背黑锅。这样,尽管眼下自己会受到一点损失,挨几句批评,但到头来,自己仍然会有相当大的好处,事实也证明他的做法和想法是正确的。

另外,与上司相处时,还应注意不要和他发生冲突,无论是事实上的还是心理上的,上司的权威和面子比自己的更重要。牌场上有一句话:"二王不能管大王",就很形象地说明了处理上下级关系的学问。所以在与领导相处时,尤其要时刻记住给领导留退路、争面子,在具体实践中,我们不妨借鉴以下几点:

(1)领导理亏时,给他留个台阶下

常言道:得让人处且让人,退一步海阔天空,对领导更应这样。领导并不总是正确的,但领导又都希望自己正确。所以没有必要凡事都与领导争个孰是孰非,给领导个台阶下,维护领导的面子,对你以后跟领导办事会大有益处。

(2)领导有错时,不要当众纠正

如果错误不明显无关大局,其他人也没发现,不妨"装聋作哑"。如果领导的错误明显,确有纠正的必要,最好寻找一种能使领导意识到而不让其他人发现的方式纠正,让人感觉领导自己发现了错误而不是下属指出的,如一个眼神,一个手势甚至一声咳嗽都可能解决问题。

(3)不冲撞领导的喜好和忌讳

喜好和忌讳是多年养成的心理和习惯,有些人就不尊重领导的这些方面。一位处长经常躲在厕所抽烟,原因是这位处长手下有四个女下属,她们一致反对处长在办公室抽烟,结果处长无处藏身,只好躲到厕所里过把烟瘾。他的心里当然不舒服,还不到一年,四个女下属换走了

三个。

（4）百保不如一争

会来事的下属并不是消极地给领导保留面子，而是在一些关键时候、"露脸"的时刻给领导争面子，给领导锦上添花，多增光彩，取得领导的赏识。

东北王张作霖在一次给日本"友人"题词时由于笔误，把"张作霖手墨"的"墨"字写成了黑，有人说："大帅，缺个土。"正当张作霖一脸窘相时，另一个人却大喝一声："混蛋，你懂什么！这叫'寸土不让'！大帅能轻而易举地将'土'恭手送给别人吗？"一句话即保住了张作霖面子，又恰到好处地在上司面前露了一手，结果，他后来成了张作霖离不了的得力助手。

给人面子已渗透到我们生活中的方方面面，如果我们把关于面子的学问灵活运用，举一反三，相信你不论在哪种人际关系的处理中都会得心应手，游刃有余，你的路也会因此越来越宽，越来越平坦。

给别人机会，也是给自己机会

人是感情动物、血肉之躯，难免都会有头脑发热，情感冲动的时候。这种"激情犯错"只要不造成非常严重的后果，从情理上来说是应该原谅的。犯这种错误的人，未必不是贤人，不是能人，你只要给他们一个改正的机会，不加追究，保全了他们的尊严脸面，因此而来的激励和感恩之情会使他们更加效力，发挥更大的力量和作用。

春秋时，楚庄王励精图治，国富民强，手下战将众多，个个都肯为他卖命。楚庄王也极力笼络这批战将，经常宴请他们。

一天，楚庄王又大宴众将。君臣喝得极其痛快，天色渐晚，庄王命点上蜡烛继续喝酒，又让自己的宠姬出来向众将劝酒。突然间，一阵狂风吹过，把厅堂里的灯烛全部吹灭，四周一片漆黑，猛然间，庄王听得劝酒的爱姬尖叫一声，庄王忙问何事。宠姬在黑暗中摸过来，附在庄王耳边哭诉：灯一灭，有位将军不逊，将手伸向妾身来抓摸，已被我偷偷拔取了他的盔缨，请大王查找无盔缨之人，重重治罪，为妾出气。

庄王闻听，心中勃然大怒，自己对众将这般宠爱，竟有人戏弄我的爱姬，真乃无礼之极！定要查出此人，杀一儆百！他刚要下令点灯查找，但又转念：这帮战将都是曾为我流过血、卖过命的，我若为了这点小事杀人，其他战将定会寒心，以后谁还会真心诚意地为我卖命呢？失去这批战将，我将凭什么称霸中原呢？俗话说，小不忍则乱大谋，还是放过这等小事，收买人心要紧。主意已定，他低声劝宠姬道："卿且去后堂休息，我定查出此人为你出气。"

等那宠姬离开厅堂，庄王便下令说："今日玩得甚是尽兴，大家都把盔缨拔下来，喝个痛快。"大家在黑暗中都不知原委，不明白大王为何让大家拔下盔缨。但既然大王有令，就只好照办了。那位肇事的将军在酒醉之中闯下大祸，听到庄王宠姬尖叫，才吓醒了酒，心想这次必死无疑。等庄王命令大家拔盔缨时，他伸手一摸，盔缨早已没有了，才明白庄王的用心。等大家都拔去盔缨，庄王才下令点上灯烛，继续畅饮。肇事的战将暗中望着庄王，下定了效死的决心。

自此以后，每逢战斗，都有一位冲锋陷阵，拼命地出击作战的战将，楚庄王细细查问，才知道他就是那位被宠姬拔掉盔缨的肇事者。

战国"四公子"之一的齐国孟尝君田文，门下养了许多食客，其中有一个门客与孟尝君的爱妃私通，早已为外人发觉。

有人劝孟尝君杀了那个门客，孟尝君听后笑着说："爱美之心人皆有之，异性相见，互相悦其貌，这是人之常情呀！此事以后不要再

提了。"

过了近一年，一天，孟尝君特意将那个与自己妃子私通的门客召来，对他说："你与我相交已非一日，但没有能封到大官，而给你小官你又不要。我与卫国国君的关系甚笃，现在，我给你足够的车、马、布帛、珍玩，希望你从此以后，能跟随卫国国君认真办事。"

那个门客本来就做贼心虚，听孟尝君召唤他，以为这下大祸临头了，现在想不到孟尝君给他这样一份美差，激动得什么话也说不出，只是深深地、怀着无限敬意地为孟尝君行了个大礼。

那个门客到了卫国后，卫国国君见是老朋友孟尝君举荐过来的人物，对他也就十分器重。

没过多久，齐国和卫国关系开始恶化，卫国国君想联合天下诸侯军队共同攻打齐国。那个门客听到这一消息后，忙对卫国国君说："孟尝君宽仁大德，不计臣过。我也曾听说过齐卫两国先君曾经刑马杀羊，歃血为盟，相约齐卫后世永无攻伐。

现在，国君你要联合天下之兵以攻齐，是有悖先王之约而欺孟尝君啊！希望您能放弃攻打齐国的主张；如果大王不听我的劝告，认为我是一个不仁不义之人，那我立时撞死在国君你的面前。"话刚说完那个门客就准备自戕，被卫国国君赶忙制止，并答应不再联合诸侯军队攻打齐国了，就这样，齐国避免了一场灾难。

消息传到齐国后，人人都夸孟尝君可谓善为人事，当初不杀门客，如今门客为国家建下了奇功。

汉文帝时，袁盎曾作过吴王刘濞的丞相，他的一个从使与他的一个侍妾私通。袁盎知道后，并没有泄露出去，也没有责怪那个从使。有人却说了一些话吓唬那个从使，说袁盎要治那个人的死罪等等，结果把那个从使吓跑了，袁盎知道后，又亲自去把那个从使追回来，对他说："男子汉做事要顶天立地，既然你这么喜欢她，我可以成全你们。"将

那个侍妾赐给了从使，待他也仍像从前一样。

到了汉景帝时，袁盎到朝廷中担任太常要职，后又奉汉景帝之命任职吴国，当时，吴王刘濞正在谋划反叛朝廷，决定先将朝廷命官袁盎给杀掉。就暗中派了五百人包围了袁盎的住所，袁盎本人却毫无觉察，情况十分危险。

在这五百人的包围队伍中，恰好有一位就是当年袁盎门下的从使，此人现已任校尉司马一职。他知道袁盎情势十分危险，随时都会有性命之忧，心想，这正是报答袁盎的好机会。

兵临城下，如何营救恩人？那个从使灵机一动，就派人去买来二百坛好酒，请五百个兵卒开怀畅饮，并说道："大伙好好喝个痛快，那袁盎老头现在已是瓮中之鳖，跑不掉了！"士兵们一个个酒瘾发作，喝得酩酊大醉，东倒西歪，于是成了五百个醉鬼。

当天夜晚，那个从使悄悄来到袁盎卧室，将他唤醒，对他说："大人，你赶快走吧，天一亮吴王就要将你斩首了。"

袁盎揉了揉昏花的老眼，忙问他："壮士，你为什么要救我？"原来当年的从使现在已穿上了校尉司马服，加之又过去了多少年，在昏暗的灯光下，袁盎仓促之间，根本认不出当年的他了。

校尉司马对袁盎说："大人，我就是以前那个偷了你的侍妾的从使呀！"

袁盎大悟，在那位校尉司马的掩护下，他连夜逃离了吴国，摆脱了险境。

历史上这些宽以待人，懂得脸面之道之人，不是成就了大业，就是在关键时刻得到了避祸全身。可见脸面尊严在为人处事、成就前途中的重要性。

毛泽东有一句著名的话："允许人犯错误，允许人改正错误"，说的正是这种道理。对犯错误的不应总是凶狠责罚，而应换一种态度和面孔，得饶人处且饶人，这样收到的效果会更好。

原谅曾经伤害过你的人

"人情反复，世路崎岖。行去不远，需知退一步之法；行得去远，务加让三分之功。"以宽厚之心对待朋友。此话是朋友相处的至理名言。

我们虽然各自走着自己的生命之路，但是难免还会有碰撞。即使最和善的人也难免有时要伤别人的心。说不定就在昨天，或许是在很久以前，某个人伤害了你的感情，而又很难忘掉它。但是你必须学会原谅伤害你的人。这是交友的一种良好性格。

"既生瑜，何生亮？"看过《三国演义》的都知道，雄姿英发的周瑜为他的对手孔明所气，大叫一声，吐血而死，而留下一个"诸葛亮吊孝"的假哭戏。仇视、愤恨都没有任何益处，只能徒伤自己而令敌人称快。"为你的仇敌而怒火中烧，烧伤的是你自己"。因此，《圣经》里耶稣在鼓励人们"爱你的仇人"，"爱你们的仇敌，善待恨你们的人；诅咒你的，要为他祝福；凌辱你的，要为他祷告。"可是，如果你用报复的手段对待对手，你会招至一个什么样的局面呢？它将使你的对手更坚定地站在你的对立面，去阻挠、破坏你的行动，破坏你创造的一切成果。而你，也会因为心中充斥报复的愤怒无暇他顾，你的理想和目标就不会那么轻易的实现。

与人结怨的习惯，只能让你越来越难受，不是一种好性格。为了保持一个健康的心灵和体魄，为了实现你的成功和抱负，学会原谅那些曾伤害过你的人吧！当别人损害了你的利益时，应该以一颗宽容之心对待他，这样，你自己的心灵不但能得到解脱，同时你的宽容也能拯救朋友堕落的灵魂。

迪斯由于好友鲁克在自己的公司电脑上做了手脚，使他损失了几十万美元，心中一直愤愤不平，尽管迪斯委托律师将鲁克送进了牢房，但他还觉得不够。出狱后，鲁克觉得对不起迪斯，几次打电话向迪斯道歉。迪斯一听是鲁克的声音，不容分说立刻将电话挂断。

迪斯的妻子知道后，数次劝他应该宽宏大量，何况鲁克是电脑专家，对他的生意很有帮助。迪斯经过深思，觉得妻子说的有道理，可是每次拿起电话来他心中就想起那几十万美元，又想起鲁克曾像只老鼠似的偷盗过那些钱，使他的生意差点垮掉，于是又放下电话长叹一口气。

一个多月过去了，迪斯总是处于这种矛盾中，一会儿觉得应该原谅鲁克，毕竟他是个电脑专家，曾经帮助过自己；一会儿又想，难道你要原谅伤害过你的人吗？不，不行。直到一位心理医生告诉他："你形成了一种心理障碍，这种障碍不仅会妨碍你与鲁克的关系，也会妨碍你与他人的交往，你必须积极地清除它。"

迪斯终于鼓起勇气，给鲁克打了一个电话，告诉鲁克明天可以到办公室见他。第二天，他们谈得很顺利，迪斯还决定再次聘请鲁克到公司工作，他对鲁克说："我相信你不会再辜负我。"后来，鲁克对迪斯的公司尽心尽责，使公司的生意越来越红火，而他和迪斯的友谊也越来越牢固，两人成了真心的知己。

宽恕曾经伤害过我们的人是避免痛苦的最好方法。宽恕不只是慈悲，也是修养。宽恕之所以很困难，是因为我们都认为，每个人都应该为自己所犯的错误付出代价，这样才符合公平正义的原则，否则岂不便宜了犯错的一方？但是不宽恕会产生什么结果或副作用呢？例如痛苦、埋怨、憎恶、报复等等，这些结果值不值得再承受，恐怕才是更重要的一个问题。

《菜根谭》中有句话："径路窄处，留一步与人行；滋味浓时减三分让人尝。此是涉世的极乐法。"在道路狭窄之处，应该停下来让别人

先行一步。只要心中常有这种想法，那么人生就会快乐安详。因此走不过的地方不妨退一步，让对方先过，就是宽阔的道路也要给别人三分便利。若朋友未能满足自己的需求，或有什么过错做了对不起自己的事情，切不可怀恨在心。因为怨恨不仅会加深朋友间的误会，影响友情，而且还会扰乱正常的思维，引起急躁情绪。凡事要换个角度想想，这样或许能够理解朋友的所作所为，自己也会得到心灵上的解脱。

宽恕也是一种能力，一种停止让伤害继续扩大的能力。没有这种能力的人，往往需要承担因为报复所产生的风险，而这风险往往难以预料。不愉快的记忆，使我们不能从被伤害的阴影中平安归来，痛苦总是如影随形，我们也就不能放松和平静了。所以让我们以一颗宽恕的心去对待曾经伤害过我们的人吧！

人至察则无友，做人不能太较真

"水至清则无鱼，人至察则无友"，做人不能太较真，这正是有人活得潇洒，有人活得太累的原因之所在。

做人固然不能玩世不恭，游戏人生，但也不能太较真，认死理。太认真了，就会对什么都看不惯，连一个朋友都容不下，把自己同社会隔绝开。镜子很平，但在高倍放大镜下，就成了凹凸不平的山峦；肉眼看很干净的东西，拿到显微镜下，满目都是细菌。试想，如果我们"戴"着放大镜、显微镜生活，恐怕连饭都不敢吃了。再用放大镜去看别人的毛病，恐怕许多人都会被看成罪不可恕、无可救药的了。

孔子带众弟子东游，走累了，肚子又饿，看到一酒家，孔子吩咐一弟子去向老板要点吃的，这个弟子走到酒家跟老板说：我是孔子的学生，我们和老师走累了，给点吃的吧．老板说："既然你是孔子的弟子，我写个字，如果你认识的话，随便吃"。于是写了个"真"字，孔子的弟子想都没想就说："这个字太简单了，"真"字谁不认识啊，这是个真字"。老板大笑："连这个字都不认识还冒充孔子的学生"。吩咐伙计将之赶出酒家。孔子看到弟子两手空空垂头丧气回来，问后得知原委，就亲自去酒家，对老板说：我是孔子，走累了，想要点吃的。老板说："既然你说你是孔子，那么我写个字如果你认识，你们随便吃"。于是又写了个"真"字，孔子看了看，说这个字念"直八"，老板大笑："果然是孔子，你们随便吃"。弟子不服，问孔子：这明明是"真"嘛，为什么念"直八"？孔子说："这是个认不得"真"的时代，你非要认"真"，焉不碰壁？处世之道，你还得学啊。"

　　这虽是个杜撰，但也说明了一个道理，那就是做人不能太较真。在工作中，不是你把所有的事情做好了就是认真，有时候事情没做好，在领导的眼里也是认真，因为他认真地揣摩了领导的需要而且尽可能地配合了领导的需要。认真不是较真，为什么很多兢兢业业工作的人没有得到晋升，而工作并非出色的人反而得到提升，因为前者多较真，而后者是认真。前者虽然多被领导表扬，但和领导走得远，后者多被领导批评却和领导行得近。两者之间的鲜明对比可想而知，做人不如糊涂一些得好，郑板桥说"难得糊涂"，大概就是这个道理吧．

　　有位同事总抱怨他们家附近小店卖酱油的售货员态度不好，像谁欠了她巨款似的。后来同事的妻子打听到了女售货员的身世，她丈夫有外遇离了婚，老母瘫痪在床，上小学的女儿患哮喘病，每月只能开四五百元工资，一家人住在一间15平方米的平房。难怪她一天到晚愁眉不展。这位同事从此再不计较她的态度了，甚至还建议大家都帮她一把，为她做些力所能及的事。

　　凡事过度地较真会让自己变得很累，在公共场所遇到不顺心的事，

实在不值过度得较真生气。有时素不相识的人冒犯你，其中肯定是另有原因，不知哪些烦心事使他此时情绪恶劣，行为失控，正巧让你赶上了，只要不是恶语伤人、侮辱人格，我们就应宽大为怀，不以为然，或以柔克刚，晓之以理。

总之，没有必要与那些无关紧要的事或人瞪着眼睛较劲。假如较起真来，大动肝火，枪对枪、刀对刀地干起来，再酿出个什么严重后果来，那就太划不来了。与萍水相逢的陌路人较真，实在不是聪明人做的事。假如对方没有文化，与其较真就等于把自己降低到对方的水平，很没面子。另外，从某种意义上说，对方的触犯是发泄和转嫁他心中的痛苦，虽说我们没有义务分担他的痛苦，但确实可以用你的宽容去帮助他，使你无形之中做了件善事。这样一想，也就会容忍他了。

凡事过度地较真就会变成自己沉重的负担，我们需要经常从对方的角度设身处地的考虑和处理问题，多一些体谅和理解，多一些宽容。那我们在与人相处中就会多一些和谐，多一些友谊。

切忌得理不让人

"径路窄处，留一步与人行；滋味浓的，减三分让人尝。此是涉世一极安乐法。"这句话旨在说明谦让的美德。在道路狭窄之处，应该停下来让别人先行一步。只要心中经常有这种想法，那么人生就会快乐安祥。

中国自古以来就是礼仪之邦，谦和，礼让更是中华民族的美德。当你在狭窄的路上行走时，要给别人留一点余地；羊肠小道两个人互相通过时，如果争先恐后，各不相让，那么两个人都有坠入深谷的危险，在

这种情况下先停住脚步让对方先过去，不仅是种礼貌、更是安全的体现。

生活中总有一些人，得理不让人，就算无理也要争三分，总怕自己会吃亏；与之相反，还有一些人，真理在握也会让人三分，显得绰约柔顺，颇有君子风度。

前者，往往是生活中的不安定因素，后者则具有一种天然的向心力；一个活得叽叽喳喳，一个活得自然潇洒。有理，没理，饶人不饶人，一般都是在是非场上，论辩之中。假如是重大的或重要的是非问题，自然应该不失原则地论个青红皂白，甚至为追求真理而献身也值得。但日常生活中，也包括工作中，往往会因为一些非原则问题、皮毛问题争得不亦乐乎，谁也不肯甘拜下风，说着论着就较起真来，以至于非得决一雌雄才算罢休，结果严重到大打出手，或者闹个不欢而散、鸡飞狗跳的结局而影响了团结，而且越是这样的人越对甘拜下风的人瞧不顺眼。争强好胜者未必掌握真理，而谦下的人，原本就把出人头地看得很淡，更不消说一点小是小非的争论了。越是你有理，越表现得谦下，往往越能显示出一个人的胸襟之坦荡、修养之深厚。

刘宽是汉朝时代的人，为人仁慈宽厚。在南阳当太守时，小吏、百姓干了错事，他只是让差役用蒲鞭责打以示惩罚。他的夫人为了试探丈夫是否像人们所说的那样仁厚，便让婢女在他办公的时候捧出肉汤，把肉汤泼在他的官服上，结果刘宽不仅没发脾气，反而问婢女："肉羹烫了你的手吗？"还有，有人曾经错认了他驾的车，硬说这牛是他的，刘宽也不说什么，叫车夫把牛解下来给那人，自己步行回家。后来，那人找到自己的牛，便把牛送还给刘宽，并且向他赔礼道歉，刘宽反而安慰那人。刘宽这样做太守的官员，有这样的君子之雅量，有礼也让人三分，真可为世人之典范。

当你遇到美味可口的佳肴时，要留出三分让给别人吃，这样才是一

种美德。路留一步，味留三分，是提倡一种谨慎的利世济人的方式。在生活中，除了原则问题须坚持外，对小事、个人利益互相谦让就会使个人的身心保持愉快。

清代康熙年间，在那时人称"张宰相"的张英与一个姓叶的侍郎，两家毗邻而居，叶家重建府第，将两家公共的弄墙拆去并侵占三尺，张家自然不服，引起争端。张家立即发鸡毛信给京城的张英，要求他出面干预，张英却做诗一首："千里家书只为墙，再让三尺又何妨？万里长城今犹在，不见当年秦始皇。"张老夫人看见即命退后三尺筑墙，而叶家深表敬意，也退后三尺。这样两家之间即由从前三尺巷形成了六尺巷，被百姓传为佳话。

所谓谦让的美德绝非是一味的让步，不要忘记精确的计算：即使终身的让步，也不过百步而已。也就是说，凡事让步表面上看来是吃亏，但事实上由此获得的收益要比你失去的还要多。这正是一种圆熟的、以退为进的明智做法。

事物的发展都是相对的，让人，很多时候都是发生在竞争情形，由于谦和礼让的出现而使矛盾完全化解，更免去了一次不必要的争斗，对手变手足，仇人变兄弟。因此，让人是避免斗争的极好方法，对自身也具有一定价值。

得理不让人，让对方走投无路，有可能激起对方"求生"的意志，而既然是"求生"，就有可能是"不择手段"，这对你自己将造成伤害，好比老鼠关在房间内，不让其逃出，老鼠为了求生，会咬坏你家中的器物。放它一条生路，它"逃命"要紧，便不会对你的利益造成破坏。对方"无理"，自知理亏，你在"理"字已明之下，放他一条生路，他会心存感激，来日自当图报。就算不会如此，也不太可能再度与你为敌。这就是人性。当你一味争抢的时候，不仅伤害了对方，也有可能连带地伤了他的家人，甚至毁了对方一生的幸福，这未免有失做人的德

性。得理让人，不仅是一种积蓄，更是一种财富。

今天的对手，也可能成为明天的朋友。世事一如崎岖道路，困难重重，因此走不过的地方不妨退一步，忍一时风平浪静，退一步海阔天空。让对方先过，哪怕是宽阔的道路也要留给别人足够的空间。你会发现，既是为他人着想，又能为自己留条后路。

不要将自己的意见强加给别人

江海之所以能为百谷之王，是因为懂得身处低下，方能成为百谷之王。圣人若想领导人民，必须谦卑服务；圣人若想引导人民，必须跟随其后。

人们都喜欢拥有自己独立地思想，没有人喜欢接受推销，或被人强迫去做一件事。他们都喜欢按照自己的意愿购买东西，或照自己的意思行动，希望别人在做事时征询自己的愿望、需求和意见，不喜欢别人妄下主张。但是有些人做事的时候往往忽略这一点，那是因为他们做事的时候，被一种占有和控制的欲望驱使着，想把自己的意见强加给别人，希望别人按照自己意愿从事。但是这种一意孤行的做法往往会落空，因为没有人喜欢被他人支配。

韩敖东专门从事将新设计的草图卖给服装设计师和生产商的业务。3年来，他每星期，或每隔一星期，都前去拜访纽约最著名的一位服装设计师。"他从没有拒绝见我，但也从没有买过我所设计的东西。"韩敖东说道，"他每次都仔细地看过我带去的草图，然后说对不起，韩敖东先生，我们今天又做不成生意啦！"

经过150次的失败，韩敖东体会到自己一定过于墨守成规，所以决心研究一下人际关系的有关法则，以帮助自己获得一些新的观念，找到新的力量。

后来，他采用了一种新的处理方式。他把几张没有完成的草图挟在腋下，然后跑去见设计师。"我想请您帮点小忙。"韩敖东说道，"这里有几张尚未完成的草图，可否请您帮忙完成，以更加符合你们的需要？"

设计师一言不发地看了一下草图，然后说："把这些草图留在这里，过几天再来找我。"3天之后，韩敖东回去找设计师，听了他的意见，然后把草图带回工作室，按照设计师的意见认真完成。结果呢？韩敖东说道："我一直希望他买我提供的东西，这是不对的。后来我要他提供意见，他就成了设计人。我并没有把东西推销给他，是他自己买了。"

发生在汤姆医师身上的一个例子也正好说明了这一点。

汤姆医师在纽约布鲁克林区的一家大医院工作，医院需要新添一套X光设备，许多厂商听到这一消息，纷纷前来介绍自己的产品，负责X光部门的汤姆医师因而不胜其扰。

但是，有一家制造厂商则采用了一种很高明的技巧。他们写来一封信，内容如下：我们工厂近完成一套X光设备，前不久才运到公司来。由于这套设备并非尽善尽美，为了希望能进一步改良，我们非常诚恳地请您前来拨冗指教。为了不耽误您宝贵的时间，请您随时与我们联络，我们会马上开车去接您。

"接到信真使我感到惊讶。"汤姆医师说道，"以前从没有厂商询问过他人的意见，所以这封信让我感到了自己的重要性。那一星期，我每晚都忙得很，但还是取消了一个约会，腾出时间去看了看那套设备，最后我发现，我愈研究就愈喜欢那套机器了。"没有人向我兜售，而是我自己向医院建议买下那整套设备的。"

事实证明，事先征询意见比自己擅自作主张，把意见强加给别人要好的多。中国的圣人老子曾经说过一些话，也许对今日的许多读者会很

第六章 >>> 给别人退路即给自己出路

有益处：江海之所以能为百谷之王，是因为懂得身处低下，方能成为百谷之王；圣人若想领导人民，必须谦卑服务；圣人若想引导人民，必须跟随其后。因此，圣人虽在上，而人民不觉其压力；圣人虽在前，而人民不觉有什么伤害。人各有志，不同的人对同一件事都有不同的看法，当自己的意见与他人产生分歧时，你是经常自以为是，还是考虑他人的意见，很多人都选择前者，尤其是那些身居高位者，他们更加碍面子，不尊重他人的意见，一是对自己不利，如果他人的意见是正确，没听取就会得不到正确的信息，二是伤害他人的自尊心，造成人际关系上的负面影响，每个人不可能万无一失，事事通晓，何不用心考虑他人的意见。

　　用强制的方法，你永远得不到满足，但你用让步的方法，你可能得到比你期待的更多。参考别人的意见，学习别人的方法，才能让自己不断进步，尊重他人的意见，采纳别人的意见，对双方都有好处，何乐而不为。我们做事切不可专横，要给身边的人多点友善，多点尊重，多份理解，多份聆听，多份关怀。

第七章

凡事以和为贵,赚取双赢的结局

为人处世不能做什么事都想与人一较高下,其实在人生中合作的机会远远大于竞争的机会,说白了合作就是一个相互妥协和退让的过程,既然争斗不能单赢,何不以退让来谋求双赢呢,大事化小,小事化了,自己过得去,让别人也过得去,这样才是双赢的结局。

用"和"把双输变成双赢

"和"是中华传统文化的重要内容,富有深厚的内涵。有道是:"家和万事兴"、"和能生财",都体现出了"和"的崇高和宝贵。

和需要退让,有时甚至需要你牺牲部分个人利益来获得,但"和"往往是化解矛盾的不法二门,有时候,看似不可调和的矛盾,以一个"和"字当头,天大的难题也能迎刃而解。当然,和不是嘴上说说而已,还得拿出诚意。

胡雪岩经商做生意非常善于利用"鱼饵",这使得他在生意场中屡屡成功。

有一次,王有龄用十余艘载着20万石官粮的海船从宁波港出发,准备驶往天津。不料,船队行至上海时,被漕帮用几十艘小舢板装扮成的火船给烧了个干净。消息传到海运局,王有龄闻之大惊,赶紧呈请巡抚衙门调查真相,缉拿纵火犯。

可是,十几天过去了,此事仍毫无头绪。王有龄心急如焚。这时胡雪岩匆匆忙忙地赶来了。

"查到什么消息了吗?"王有龄急切地问。

"当然,这是漕帮中的青帮所为。"胡雪岩神色凝重地说,"这事说来话就长了。"

于是,胡雪岩讲述事情的前因后果,原来,王有龄的海运局砸碎了漕帮的饭碗。自隋炀帝开凿大运河以来,南方产米之地,每年都要运粮北上。千百年来,这种粮运逐渐发展壮大,除运粮米外,也有别的物品,统称为漕运。参与漕运行当的人,包括船家、账房、伙计、船老大诸班人马，以及运河两岸以运输为业的人家，结成了"漕帮"，以互相支援，调节关系，统一行动。

清朝以来，由于政府漕运管理机构视漕运为肥肉，人人染指，使得漕帮日渐衰败。于是，漕帮逐渐帮派组织化，明火执仗或趁月黑风高时，大行抢劫。后来，漕帮又在运河中设卡收税，无视法度，犹如另外一个王国，让朝廷甚为恐慌。太平天国定都南京后，京杭运河经常受战事影响，漕运更为不力。于是有大臣建议，何不改漕运为海运，可既不受战事影响，又可使漕帮势力自然消亡，解决国家的心腹之患。

于是，朝廷成立海运局。此局一开，果然运输比漕运有效，海运局也因此而大发。然而，这对漕帮众兄弟来说，却是火上浇油、雪上加霜。由于朝廷粮米不再由运河北运，这等于是夺了漕帮的饭碗，于是许多帮内人员把目光投向了海运局，准备报复。王有龄的运粮船队就这样被烧了。听完胡雪岩的述说，王有龄沮丧地说："如此说来，那就只有关门，让朝廷下令恢复漕运吗？"

"那也未必。"胡雪岩说，"自古以来，民不与官斗。如今漕帮敢烧毁朝廷粮米，也是被逼无奈。如果朝廷追查下来，只会把漕帮逼上绝路，狗急也会跳墙，更何况，暗箭难防，斗下去只会两败俱伤，不如现在去与青帮讲和，分他们点好处，息事宁人。"

于是，王有龄请胡雪岩亲自出马去和谈。胡雪岩也是当仁不让，准备了一船杭州特产，找到在青帮当小首领的朋友陈三，乘船来到青帮的总部。与首领廖化生见过礼，送上一船杭州土产之后，胡雪岩又从怀中取出一张 10 万两的银票，放在盘上，双手奉献给廖化生。

廖化生瞟了一眼，露出一点喜悦之色说："胡先生，你不带兵，却带来银票，想必是有什么谋划？"

胡雪岩说："前辈，雪岩今日前来，不过是因仰慕漕帮的声威，前来致意罢了。"

廖化生哈哈一笑:"胡先生,你真会说笑话,今日的漕帮如西山之落日,哪里比得上海运局的声威!"

胡雪岩说:"朝廷法令多改,全然不体谅民生的艰难,而海运局迫于朝廷王法,也不得不照章办事,也是难处多多,哪里还谈得上什么声威!"

廖化生说:"我们是民,海运局是官。官既不为民着想,民又何必为官开方便之门呢?"

胡雪岩说:"这次王先生的船被烧后,浙江巡抚严令追查真凶,明察暗访,近日拟就一封密函,要呈皇上亲启。"

廖化生敏感地问道:"胡先生可知道其中有什么消息?"

胡雪岩目视左右,廖化生会意,挥手退去周围的人说:"现在不妨直言。"

胡雪岩一言不发,从怀中掏出一封密函,交给廖化生。廖化生看完密函,脸色变得铁青,原来这正是浙江巡抚上奏朝廷的密函,里面历数漕帮滋扰地方,火烧粮船,目无法纪。信的最后说:"漕帮名为货运之帮,实则杀人越货之帮。请圣上痛下决心,将漕帮一举歼灭,方可绝此后患。"

廖化生半晌无言,心想,漕帮虽盛,却如何能和朝廷抗衡,一旦朝廷下旨清剿,只恐怕无数弟兄要为此丧命,想不到几百年的漕帮就要毁于一旦。念及此,廖化生一声长叹:"事到如今,也只有与之一拼了。"

胡雪岩说:"前辈请宽心,胡某已做了手脚,半路截此密函,朝廷尚不知,如今重要的是赶紧把粮米、船只凑齐,运到天津,以免京中下旨查办。"

廖化生迷惑地说:"不知胡兄弟为什么如此相帮?"

胡雪岩说:"漕帮兄弟,自古靠水吃水,养家糊口全赖于此。如今朝廷全然不加体恤,另成海运,一个人突然被夺了饭碗,岂能不气?纵有出格之处，官府也应体察下情，岂能发兵一剿了之？况漕帮多少热血男儿，较量下来，不知要死伤多少人！"

"胡兄弟，难得你一片仁厚之心，我廖某真是看走眼了，胡兄弟，请受我一拜！"廖化生说着起身欲下拜。

胡雪岩赶忙扶住廖化生说："前辈，折煞后生了！晚辈岂敢受此大礼！"

把廖化生扶上座位，胡雪岩又说："如今运河失修，战事频繁，漕运不畅，海道颇见成效，此也是大势所趋，所以皇上才下了圣旨。漕帮弟兄，只有想办法另谋出路，才是长久的良策，否则，一味破坏，只恐逃脱这次，难逃下次啊！"

廖化生说："道理在下如何不知？只是帮内弟兄，只会吃水上饭，别的营生一点也不会。"

胡雪岩说："我愿以钱庄出面，放款给前辈作购粮资本，弟兄可摇船到乡间收粮，聚拢出海，海运费用弟兄仍可享其半，如此，不知前辈意下如何？"

廖化生大喜过望说："胡先生真是仁义四海！只是你便少赚钱了，于心实在不安！"胡雪岩说："人在江湖走，全靠互相支撑，金钱乃是小事。"

这样，胡雪岩不仅化解了漕帮对海运局的仇恨，而且还利用漕帮把粮食生意做到各个乡间。后来，漕帮势力成为胡雪岩海运、漕运的有力保护者，使胡雪岩的生意受益无穷。本来，胡雪岩背后有朝廷，实力远远强过漕帮，并且，漕帮火烧官船又不占理，胡雪岩大可以让朝廷派兵"剿匪"。但这么一来，却有两个坏处，一是王有龄难逃"办事不力"的罪责，这不是胡雪岩想看到的，他可不希望他的靠山有什么闪失；二是从此结下了漕帮这个仇家，胡雪岩毕竟是个商人，商人讲究和气生财，讲究婉转退让，而不是斗气。于是他转而为漕帮筹划生计，利用这个"饵"，既解决了漕米北运，还钓到了漕帮这么一个大"朋友"。

防患未然，及早消除失和的隐患

处在一个和和气气，大家都能从中受惠的局面中，谁也不愿无缘无故地破坏这一局面，然而，在利益面前一个小小的插曲，弄不好就会使双方失了和气。我们在做事时应见微知著，及时发现造成失和局面的隐患，从而有效地避免不必要的纷争。

人都处在一场利害关系中，只不过在商场和官场之中这层关系表现得更为强烈一些。明智的人不论在悲观失意还是激情满怀的时候，都能根据与自身轻重远近的亲疏把握好利害，掌握取舍。

王有龄从湖州任上到省城杭州出差，不想却落下来一件苦差事：不归他管辖的新城县发生民乱，巡抚黄宗汉却派他去处理。这件事情令王有龄十分头疼：带兵去剿吧，这些清兵向来把剿匪当作发财的机会，到了地方常常大肆抢掠，实在是不如匪。新城县本来就是官不恤民而发生的事变，若让这些官兵再前去进剿，必然会激起更大的民乱。同时，这些绿营兵平时养尊处优，从没练过兵，根本打不了仗，带兵前往一旦大败，王有龄即使不命丧新城，也会被革职查问。他想来想去，决定先去安抚。但他自己却不肯亲自前往，因为这风险很大，弄不好也要丢命。后来，他看中了嵇鹤龄。

嵇鹤龄本是一个穷困潦倒的候补知县，因为为人耿介、恃才傲物，还一直"候补"着。他虽有勇有谋，但因一肚子怨气，不肯替王有龄效劳。经过胡雪岩一番"攻心战"，嵇鹤龄终于接手了这个苦差，并想好对策，出发了。

王有龄在嵇鹤龄出发后，高兴地对胡雪岩说："待鹤龄兄回来，一

定要保举他当归安县令。"

归安县是王有龄兼管的肥县，俗话说："三年清知府，十万雪花银。"让嵇鹤龄去当归安县令，这不是从王有龄的钱袋里每年挖走银子吗？胡雪岩觉得，王有龄这一时的慷慨，实际上是以损害他自己的利益为代价；如果成了事实，过些时候，王有龄肯定会后悔，这样他与嵇鹤龄的关系就难以维系。于是，胡雪岩劝王有龄说："我看这样不妥。亲疏之间，自己要掌握好分寸。归安县是一等大县，只怕上头不肯。如果碰个钉子，彼此不好。我倒有个想法，海运局的差使，你又兼顾不到，何不保荐鹤龄接替海运呢？"王有龄恍然大悟，"对了！这才是良策。"

就这样，胡雪岩否定王有龄的慷慨，而建议王有龄把浙江海运局坐办的位置让给嵇鹤龄。这样一来，不仅使王有龄免了经常来回奔波湖州与省城的辛劳，而且还杜绝了后患。同时由嵇鹤龄管理海运局，王有龄、胡雪岩经手的几笔海运局垫款、借款，料理起来也会顺利得多，真是一举数得。

胡雪岩确实人情练达。他阻止王有龄的一时慷慨之举，其实涉及人与人之间交往的分寸问题。在胡雪岩看来，嵇鹤龄和王有龄的关系，无论如何也没有达到不分你我的程度，王有龄的慷慨，也就有些失去分寸。亲疏之间，分寸把握不好，必然会影响日后的交往。

在生意场上的人际交往中，特别是合作伙伴之间、老板与下属之间的关系，要十分注意亲疏分寸。但如何才是适度，才是不失分寸，这都是一个很难用一句话说清楚的问题，需要当局者根据具体情况灵活变通。不过，胡雪岩从不能过分慷慨中体味出来的，以不损害自己和对方利益为前提来维系朋友关系的思路，对商务经营者应该是具有启发性的。

合作时要学会退步

学会退步是一种妥协，是一种策略，并不是屈服和投降，它其实是一种非常务时、通权达变的智慧，对于人生来说，生存毕竟是第一要义，而生存靠的是理性而不是意气。

加拿大的魁北克有一条南北走向的山谷，山谷没有什么特别之处，唯一能引人注意的是它的西坡长满雪松、柘、柏和女贞等树木，而东坡却只有雪松。这一奇异景观是个谜，许多人不明其中的原因，试图找出原因，却一直没有得到令人满意的答案。揭开这个谜的是一对夫妇。

那是1983年的冬天，这对夫妇的婚姻正濒于破裂的边缘。为了重新找回昔日的爱情，他们打算做一次浪漫之旅，如果能找回当年的爱就继续生活，如果不能就友好分手。当他们来到这个山谷的时候，正下着鹅毛大雪，他们支起帐篷，望着漫天飞舞的雪花，他们发现由于特殊的风向，东坡的雪总比西坡的雪来得大，来得密。不一会儿，雪松上就落了厚厚的一层雪。不过当雪积到一定的程度，雪松那富有弹性的枝丫就会向下弯曲，直到雪从枝上滑落下去。这样反复地积，反复地弯，反复地落，雪松依然完好无损。可其他的树，如那些柘树，因为没有这个本领，树枝被压断了。西坡由于雪小，总有些树挺了过来，所以西坡除了雪松，还有柘、柏和女贞之类的树木。

于是妻子对丈夫说："东坡肯定也长过很多杂树，只是由于它们的枝条不会弯曲，所以它们才都被大雪摧毁了。"丈夫点头称是。少顷，两人像突然明白了什么似的，相互吻着拥抱在一起。

然而，在人生的旅途中，什么时候有为，什么时候应该不为呢？不

为和有为的选择取决于主客双方的力量对比。当取得显著的效果时，应该有为；而当主体处在劣势的位置上，稍一动作，就可能被对方"吃掉"，或者陷于更加被动的境地，那么，便应该以退为进，坚守"不为"才对。不为只是一种权宜之计、人生手段，待时机成熟，成功条件具备，便可由不为转为有为，由守转为攻。

人生这条路真难走，这种日子再也过不下去了。那为什么不退后一步呢？也许只要退后一步，也许会在人生的沙漠中看见属于我自己的绿洲；也许退后一步，我也能在生命的汪洋大海中发现属于自己的小岛。

所以有时候发现路走绝了的时候，不妨退后一步，也许真的就能发现一切都是海阔天空；心灰意冷的时候，转念一想，说不定会发现原来一切正在悄悄转向我所期望的方向。与人合作就是一个相互妥协的过程，双方都以和为贵，相互都让三分，就必定会达成双赢的结果，人生就是一个相互妥协和退让的过程，在妥协和退让中，磨掉双方的棱角，从而能更友好亲密地在一起，去一起实现共同的理想。

不知退，就不知进

进进退退是一种狐步舞。曾国藩戴着面具跳着狐步舞，挺有意思。曾国藩对进退之道别有体悟。他说：身当时任，首先应是造就自己进取的资本。如何造就，那就是靠一种坚忍和执著，用知识和学问来武装自己的心灵。

曾国藩平生爱好学习，从少年至老年期，没有一天不读书，他所受书籍的影响，是非常的巨大而且深厚。他所说的："心灵不牵执于物，随遇而安，不为以后的事操心，专心过好现在，对于已经过去的事不常

第七章 >>> 凡事以和为贵，赚取双赢的结局

147

依恋。"即使放在今天，仍然是很高明的处世之道，而曾国藩竟然能在读《易经》时体会出来。曾国藩受书籍的影响，实在是非常的深。

对于人生的进退，最易造成两种错误的行为，一是盲人骑瞎马式的莽撞，一是自暴自弃的沉沦。曾国藩虽善于忍让，但也有不愿退却的时候，如拒交关防一事，则看出他也有争的一面。

曾国藩为钦差大臣镇压捻军，当时刘秉璋作为辅佐军事的襄办之官，献防守运河之策，于是清军在河岸修起长墙，阻止捻军马队渡过，试图把他们围在一个角落里聚而歼之。李鸿章在江督行署，力争不可，亲自给刘秉璋写信说："古代有万里长城，现在有万里长墙，秦始皇没有意料到在二千多年后遇到公等为知音。"显然带有嘲讽的味道。刘秉璋率万人渡运河，接到李鸿章的公文，说粮饷缺乏不能够增兵。李鸿章事事进行干涉，大多像此类事情一样。并且时常上报情况，条陈军务，曾国藩很不满意李的这种做法。等到时间长久，军无战功，清政府让李鸿章接替为统帅，曾国藩感觉惭愧，不忍心离去，自己请求留在军营中继续效力。李鸿章接任后，急忙派人到曾国藩驻所领取钦差大臣的"关防"。曾国藩说："关防，是重要的东西；将帅交接，是大事，他不自重，急着要拿去，弄没了怎么办？况且我还留在这里。"李鸿章派客人百般劝说，让他回到两江总督之任上，曾国藩也没有答应。有人给李出主意，并调停说乾隆时西征的军队用大学士为管粮草的官，地位也与钦差大臣相等。曾国藩故意装作不懂，说："说的是什么？"刘秉璋说："现在您回到两江总督之任，就是大学士管粮草的官职呀。"李鸿章又私下告诉他说："以公的声望，虽违旨不行，也是可以的。但九帅之军队屡屡失利，难道不惧怕朝廷的谴责吗？"曾国藩于是东归，从此绝口不谈剿捻的事。李鸿章接替为统帅，也没有改变曾国藩扼制运河而防守的策略。后来，大功告成，李鸿章上疏请求给从前的领兵大臣加恩，曾国藩仅仅得到了一个"世袭轻车都尉"，因此大为恼怒，对江宁知府涂朗轩说："他日李鸿章到来，我当在他之下，真是今非昔比了！"

因此，曾国藩在处理进退关系问题上，则是该进时进，当退时退。在曾国藩启程不得已赴两江总督之任时，途中观者如堵，家家香烛、爆竹拜送，满城文武士友皆送至下关。申刻行船时，遂将郭嵩焘所纂《湘阴县志》阅读一遍，以抑止自己复杂的心情。睡后，则不甚成寐。"念本日送者之众，人情之厚，舟楫仪从之盛，如好花盛开，过于烂漫，凋谢之期恐即相随而至，不胜惴栗。"后三天，他每日只看《湘阴县志》，并将此志寄还。从第四天开始上半日处理文件，见见客，下半日与晚上便开始抓紧时间读《国语》、《古文观止》。告别了他经营多年的江宁，离开自己血脉相承的胞弟，怅怅如有所失，内心十分不安，只企望旅程之中能在自己喜爱的书籍中得到安慰与休憩。同治八年（公元1869年）一月九日，曾国藩行至泰安府，忽然接到新的寄谕，所奏报销折奉旨"著照所请"，只在户部备案，毋须核议。这等于说，一些人原抓住曾国藩军费开销巨大，要审计查账，现在一纸圣旨就将此事一笔勾销，不再查他的账了。曾国藩为此大受鼓舞，认为这是清政府对他的特别信任，空前恩典。谕旨使他"感激次骨，较之得高爵穹官，其感百倍过之"。因而便又有点心回意转，虽虑"久宦不休，将来恐难善始善终"，但不再要求辞职了。此时，虽然眼蒙殊甚，可心头的一块石头落了地，看书的劲头更足了，轿中、宿店的旅途之中，竟将《战国策》、《左传》反复阅读，他似乎要在陛见皇太后、皇上之时，陈述自己的中兴大业之策划了。

进就要有争。无独有偶，曾国藩的得意弟子李鸿章为了自己的"进"，则更颇有心计。当然他争的是有利于自己"进"的人才。

有藏有露再试锋刃，在疆场驰骋，容易立功，在名利场上追逐，容易败身。曾公知道：退心藏身，是一大治人方法。

曾国藩在家书中写道：

沅弟进退的决定，我以前的信中多次提到，说是腊月底的信才是确切的信息。近来深思熟虑，劝弟出山的意思只占十分之三四，而劝老弟潜藏不出的意思竟占到十分之六七呢。

一个人在社会中是渺小的，更多时候，不是你想进想争就能"进"能"争"得了的，这时则需要的是坚忍不拔，以屈求伸。有功不居，功成身退，一方面表现了圣人合于天道的博大胸怀和高风亮节；另一方面，也许是更深层的原因，这就是：如果居功自傲、肆意妄为，则可能导致灭顶之灾、毁灭自我。

曾国藩认为："至于一身祸福进退，何足动其毫末哉？语云：进步处便思退步，庶免触藩之祸；着手时先图放手，才脱骑虎之危。"

有人说曾国藩能够功成名就的最大原因，就是深谙藏锋，懂得退路。

让竞争对手得到好处

市场这么大，任何人有再高明的手段也不可能独揽全部的利益。即便对于竞争对手，该退让时还是要退让，因此在生意场上是没有绝对的敌人的。

一只狮子和一只狼同时发现一只小鹿，于是商量好共同追捕那只小鹿。它们合作良好，当野狼把小鹿扑倒，狮子便上前一口把小鹿咬死。但这时狮子起了贪心，不想和野狼平分这只小鹿了，于是想把野狼也咬死，可是野狼拼命抵抗，后来狼虽然被狮子咬死，但狮子也身受重伤，无法享受美味。

试想一下。如果狮子不如此贪心，而与野狼共享那只小鹿，岂不就皆大欢喜了吗？

我们说，商场如战场，但毕竟不是战场。战场上敌对双方不消灭对方，就会被对方消灭。而商场不一定如此，为什么非得争个鱼死网破、两败俱伤呢？

在大自然中弱肉强食的现象较为普遍，这是出于它们生存的需要。但人类社会与动物界不同，个人和个人之间、团体和个体之间的依存关系相当紧密，除了战争之外，任何"你死我活"或"你活我死"的争斗都是不利的。

经商做生意也宜采用"双赢"的竞争策略，这倒不是看轻你的实力，而是为了现实的需要，如前面所说，任何"单赢"的策略对你都是不利的，因为它必然会有这样的结果：

除非对手是个软弱角色，否则你在与对方进行争斗的过程当中，必然会付出很大的心力和成本，而当你打倒对方获得胜利时，你大概也心力交瘁了，甚至所得还不足以偿付你的损失。

在人类社会里，你不可能将对方绝对消灭，因此你的"单赢"策略将引起对方的愤恨，成为你潜在的危机，从此陷入冤冤相报的恶性循环里。

在进行争斗的过程当中，也有可能发生意外的情况，而这会影响本是强者的你，使你反胜为败！

所以无论从什么角度来看，那种"你死我活"的争斗在实质利益、长远利益上来看都是不利的，因此你应该活用"双赢"的策略，彼此相依相存。

在商业利益上，讲求"有钱大家赚"，这次你赚，下次他赚，这回他多赚，下回你多赚。总而言之，"双赢"是一种良性的竞争，更适合于现代社会的相互竞争。很显然，这种双赢的竞争策略并非现代人所发明。在晚清，胡雪岩做生意，向来把人缘放在第一位。所谓"人缘"，

对内是指员工对企业忠心耿耿，一心不二；对外则指同行的相互扶持、相互关照。因此，胡雪岩常对帮他做事的人说："天下的饭，一个人是吃不完的，只有联络同行，要他们跟着自己走，才能行得通。所以，捡现成的要看看，于人无损的现成好捡，不然就是抢人家的好处。要将心比心，自己设身处地，为别人想一想。"胡雪岩是这么说的，更是这么做的，他的商德之所以为人称道，很重要的一条，就是把与同行的情谊看得高于眼前利益，在面对你死我活的激烈竞争时，做到了一般商人难以做到的：不抢同行的饭碗。

胡雪岩准备开办阜康钱庄，当他告诉信和钱庄的张胖子"自己弄个号子"的时候，张胖子虽然嘴里说着"好啊"，但声音中明显地带有做作出来的高兴。为什么呢？因为在胡雪岩帮王有龄办漕米这件事上，信和钱庄之所以全力垫款帮忙，就是想拉上海运局这个大客户，现在胡雪岩自己要开钱庄，张胖子自然会担心丢掉海运局的生意。

为了消除张胖子的疑虑，胡雪岩明确表态："你放心！'兔子不吃窝边草'，要有这个心思，我也不会第一个就来告诉你。海运局的往来，照常归信和，我另打路子。"

"噢！"张胖子不太放心地问道："你怎么打法？"

"这要慢慢来。总而言之一句话，信和的路子，我一定让开。"

既然胡雪岩的钱庄不和自己抢生意，信和钱庄不是多了一个对手，而是多了一个伙伴，自然疑虑顿消，转而真心实意支持阜康钱庄。张胖子便很坦率地对胡雪岩说："你为人我信得过。你肯让一步，我承你的情，有什么忙需帮，只要我办得到，一定尽心尽力！"在胡雪岩以后的经商生涯中，信和钱庄给了他很大的帮助，这都要归功于他当初没有抢了信和生意的那份情谊。

甚至对于利润极丰的军火生意，胡雪岩也都是抱着"宁可抛却银子，绝不得罪同行"的准则。军火生意利润大，风险也大，要想吃这碗饭并不是一件容易的事。胡雪岩凭借着他已有的官场势力和商业基础，并且依靠他在漕帮的势力，很快便在军火生意上打开了门路，走上了正轨，着实做了几笔大生意。这样，胡雪岩在军火界也成了一个头面人物了。

一次，胡雪岩打听到一个消息，说是外商又运进了一批性能先进、精良的军火。消息马上得到进一步的确定，胡雪岩知道这又是一笔好生意，做成一定会大有赚头。他马上找到外商联系，凭借着他老道的经验、高明的手腕，以及他在军火界的良好信誉和声望，胡雪岩很快就把这批军火生意搞定了。

然而，正当胡雪岩春风得意之时，他听商界的朋友说，有人指责他做生意"不地道"。原来外商此前已把这批军火以低于胡雪岩出的价格，拟定卖给军火界的另一位同行，只是在那位同行还没有付款取货时，就又被胡雪岩以较高的价格买走了，致使那位同行丧失了几乎稳拿的赚钱机会。

胡雪岩听说这事后，对自己的贸然行事感到惭愧。他随即找到那位同行，商量如何处理这件事。那位同行知道胡雪岩在军火界的影响，怕胡雪岩在以后的生意中与自己为难，所以就不好开列什么条件，只是推说这笔生意既然让胡老板做成了就算了，只希望以后留碗饭给他们吃。

事情似乎到了这一步就算解决了，但胡雪岩却不然，他主动要求那位同行把这批军火以与外商谈好的价格"卖"给他，这样那位同行就吃了个差价，而不需出钱，更不用担任何风险。事情一谈妥，胡雪岩马上把差价补贴给了那位同行，胡雪岩的这一做法不仅令那位同行甚为佩服，就连其他同行也都非常钦佩。

如此协商一举三得，胡雪岩照样做成了这笔买卖；没有得罪那位同行；博得了那位同行衷心的好感，在行业中声誉更高。这种通达变通的策略日益巩固着胡雪岩在商界中的地位，成了他在商界纵横驰骋的法宝。

胡雪岩不抢同行的饭碗,并非回避竞争与冲突,而是舍去近利,保留交情,以和为贵,从而拓展更广阔的路子,带来更长远、更巨大的商业利益。

学会退让与分享

如事以和为贵而获取双赢的最重要一条就是要抛弃狭隘的心理,学会退让与分享。因为在退让中才能体现平和,体现善良,消除狭隘与伤害。反之,报复心太强,怨愤心太重,不仅会毁灭他人,也会毁灭自己。

村里有两个要好的朋友,他们也是非常虔诚的教徒。有一年,他们决定一起到遥远的圣山朝圣,两人背上行囊,风尘仆仆地上路,誓言不达圣山朝拜,绝不返家。

两位教徒走啊走,走了两个多星期之后,遇见一位年长的圣者。圣者看到这两位如此虔诚的教徒千里迢迢要前往圣山朝圣,就十分感动地告诉他们:"从这里距离圣山还有7天的路程,但是很遗憾,我在这十字路口就要和你们分手了,而在分手前,我要送给你们一个礼物!就是你们当中一个人先许愿,他的愿望一定会马上实现;而第二个人,就可以得到那愿望的两倍!"

听完了圣者的话,其中一个教徒心里想:"这太棒了,我已经知道我想要许什么愿,但我绝不能先讲,因为如果我先许愿,我就吃亏了,他就可以有双倍的礼物!不行!"而另外一个教徒也自忖:"我怎么可以先讲,让我的朋友获得加倍的礼物呢?"于是,两位教徒就开始客气起来,"你先讲吧!""你比较年长,你先许愿吧!""不,你学识渊博,

154

懂得比我多，还是你先许愿好！"两位教徒彼此推来推去，"客套地"推辞一番后，两人就开始不耐烦起来，气氛也变了："烦不烦啊？你先讲啊！""为什么我先讲？我才不要呢！"

两人推到最后，其中一人生气了，大声说道："喂，你真是个不识相、不知好歹的家伙啊，你再不许愿的话，我就把你掐死！"

另外那个人一听，他的朋友居然变脸了，竟然来恐吓自己！于是想，你这么无情无义，我也不必对你太有情有义！我没办法得到的东西，你也休想得到！于是，这个教徒干脆把心一横，狠心地说道："好，我先许愿！我希望……我的一只眼睛……瞎掉！"

很快地，这位教徒的一只眼睛瞎掉了，而与他同行的好朋友，两只眼睛也立刻都瞎掉了！

狭隘的心理不但让两个好朋友闹翻脸，甚至还让人通过伤害自己的方式来毁灭他人。如果一个人养成了狭隘自私的心态，那么他会变得多可怕呀！所以我们必须学会和他人分享。

林帆被老板叫到办公室去了，他领导的团队又为公司的项目开发做出了杰出贡献。送茶进去的秘书出来后告诉大家，老板正在拼命地夸林帆，她从来没见过老板那样夸一个人，研发小组的几个人脸沉了下来："凭什么呀！那并不是他一个人的功劳！""对呀！为了这个项目，我们连续加了17天的班！"正在这时，老板和林帆来到了大厅。"伙计们，干得好！"老板把赞赏的目光投向几个组员，"林部长向我夸赞了你们所付出的努力！听说有两个还带病加班是吗？真诚地谢谢你们！这个月你们可以拿到三倍的奖金！"老板话音刚落，几个同事就冲过去拥住林帆一起欢呼起来，并表示以后会跟着林部长，为公司继续努力工作！

懂得分享的人，才能拥有一切；自私狭隘的人，终将被人抛弃。无论是工作中还是生活中，我们都要摈弃自私狭隘的习惯，学会退让与分享，否则最终受伤的还是自己。

微小让步让你成为最后的赢家

心理学家认为，微小的让步往往能够取得比很大的让步更好的效果，这就是心理学上的"微小让步定律"。

每一种心理战术都有一个限度，即所谓的"适度为美"。针对不同的环境、不同的人，不同程度的利用心理上的战术，权衡利益、事理、感情中在谈判中可能产生的效果，以便让自己站在最有利的位置更容易地抓到自己最想要的东西。如何选择战术，则需要谈判前的充分准备和谈判中的顺势应变。

谈判中大多数情况下，得到让人感到愉悦，而付出带给人的心理感受则多是沉重、郁闷的。然而，那种只得到不付出的情况是完全不存在的。有时，为了达到目标，我们必须让步。

美国心理学家切可夫和柯里曾做过实验证明微小让步定律的存在。他们将被试者分成三组，让被试者们与人谈判。第一组的被试者作出了较大程度的让步；第二组的被试者不做出让步；第三组中的被试者做出了微小的让步。

谈判结束后，他们发现：第三组被试者的谈判对象愿意付出较高的代价去达成协议；而在第一组中，尽管做出的让步比较大，但却产生了适得其反的效果，使对方连低的代价也不愿意付出了。

其实，这种现象在我们每个人身上都发生过，如果对方在价格上几元几元地进行让步，那么我们会认为对方是个比较有原则、比较真诚的人，同时"占便宜"的心理也得到了满足，自然也就会对对方合作；相反，如果对方一让就是一半，我们心里的合作欲反而会减退，会觉得对方这个人太不实在、很奸猾，会担心合作不真诚问题，进而不再与其共事。

就让步的方法而言，下面这家 IT 公司的代表就做得十分到位。

一开始，客户认为 IT 公司的成本预算高得离谱；而 IT 公司代表则认为成本预算很准确，甚至可以说是保守，并且提出了项目的复杂性和工期紧作为依据。

然而，客户仍然认为价格高得令人难以接受。为达成协议，IT 公司代表必须作出一些让步，而他的回答就很有策略："这样优惠的价格对我们来说真的是太困难了，但是考虑到和您长久合作的可能性，以及您的具体难处，我们还是在价格上做出了调整。现在的价格应该达到您的标准了，我希望您能将工期再延长一些，一方面是对我们的支持，另一方面也能更大程度的保证工程的质量。"

如此的回答让对方觉得很有诚意，合作也顺利达成。

心理学家指出，微小让步的做法是最符合人的心理规律的做法，因此，它往往能为我们带来巨大的收益。

30 多年前，前苏联驻日本使馆看中了长岛北岸的一块土地，计划用那块地来建使馆工作人员的宿舍。当时，那块土地的市价在 36—50 万美元之间，而卖主的开价是 42 万美元。一开始，前苏联就通过支付小额保证金的方式与对方达成了在双方谈判期间绝不与第三方买家接触的协议。

于是，谈判就在这种没有竞争的情况下展开了。前苏联态度强硬，只肯出价 12.5 万；卖主虽然认为对方出价太离谱，但谁让自己贪图保证金的小便宜而不能另寻买家，也只好僵持下去。在双方僵持了三个月后，前苏联做出小小的让步："我们知道这价钱是低了些，或许我们可以多出一点。"结果，前苏联以远低于市场价的价格轻而易举地买到了那块地。

由此可见，微小的让步的确能够给我们带来巨大的收益。然而，我们说过，让步是一门学问，什么时候让，怎样让，让到什么程度都需要把握好。具体地说，在让步的过程中，我们最好注意以下几方面的内容：

1. 告诉对方，我们需要得到什么，不要让对方来猜，要尽量明确地告诉对方我们为什么让步、期望获得什么，这样才能得到对方的积极回应。

2. 让步应该尽量微小，而且不宜一次到位。一次一点微小的让步，可以让对方认为我们是一个变通、不死板的人，非常尊重他、有诚意，而且每次让步都是在为他做某些牺牲。

3. 对自己所做出的让步进行声明和渲染。主动做出让步是为了赢得对方的信任，适当勾起对方的负债心理，因此，成功的让步者大都善于"放大"让步的程度，善于渲染夸张让步的艰难性。这要求我们必须遵循三个原则：一是不要轻易放弃最初的要求，这样才能使自己的要求看来严肃而合理，进而使让步更有意义；二是强调其给对方带来的利益，当我们带给对方的帮助越大时，对方回报我们的可能性就越高；三是让对方知道让步让我们放弃了对自己而言很有价值的东西，以此夸大让步的程度。

适当地做出些微小的让步既能够不损害自己的利益，又能够让对方欢欢喜喜地帮助我们达成目的。

争得有能力，让得有风度

单方面撤离战场是众多实力人物和集团普遍采用的斗争方式和策略。消解敌人或敌意，注重自我发展和自有主张，胜过打击敌人或消灭

敌人。

谈判桌上不能太"方",不能太"硬气",否则就会在谈判过程中撞个头破血流。比如,在谈判时,遇到敌手,你便没必要和他们硬碰硬,不妨先退一步,这样谈判结果也许会有不战而胜的效果!

碰到敌强我弱的局面,往往不好与对方直面交锋,鸡蛋碰石头,固然捞不到什么好处,但如果可以利用时局中的一些情况,转换敌我矛盾,或者以激将速战速决,引得对手一时激动,达成协议后,后悔就只是对方自己的事了。不妨放弃对抗,"向对手投降",就是消除这些敌灾的一种优良方式。

鲁肃引孔明来见周瑜。周瑜故意说曹操兵多将广,势不可拒,战必败,降则易安,觉得投降较好,孔明冷笑,瑜问其故,孔明答:"操极善用兵,天下莫敢当。独有刘备不识时务,强与争衡;今孤身江夏,存亡未保。将军决计降曹,可以保妻子,全富贵。何足惜哉!"肃怒曰:"你让我主屈膝受辱于国贼!"孔明又说:"我有一计,不费兵卒,可退操兵。"瑜追问。亮曰:"我曾听说操曾造一台,名曰铜雀,极其壮丽;广选天下美女以实其中。操本好色之徒,久闻江东乔公有二女,有沉鱼落雁之容,闭月羞花之貌。操曾发誓曰:愿得江东二乔,置之铜雀台,以乐晚年。今虽引百万之众,虎视江南,其实为此二女也。将军何不差人买此二女,送与曹操,则江东之危可解矣。"瑜曰:"操欲得二乔,有什么证明呢?"孔明曰:"操曾作一赋,名曰《铜雀台赋》。赋中之意,誓取二乔。我爱其文华美,尝窃记之。"瑜曰:"试请一诵。"孔明即时诵起来,诵到"揽二乔于东南兮,乐朝夕之与共"时,周瑜勃然大怒,骂道:"老贼欺吾太甚!"肃忙解释道:"先生有所不知:大乔是孙权之妻,小乔乃瑜之妻也。"孔明佯作惶恐之状,曰:"亮实不知。失口乱言,死罪!"瑜曰:"吾与老贼誓势不两立!吾承伯符寄托,安有屈身降操之理?适来所言,故相试耳。吾自离鄱阳湖,便有北伐之心,虽刀斧加头,不易其志也!望孔明助一臂之力,同破曹贼。"

周瑜第一次见诸葛亮时,知其有求助抗曹之意,故设下圈套,假装说要投降,想让诸葛亮掉进来,从而以求援者的地位受制于吴。而诸葛将计就计,先顺应周瑜的话说投降可以保妻子全富贵,激将其为胆小鼠辈,引得周瑜不悦,紧接着,诸葛亮又佯装不知二乔身份,设下铜雀台赋的圈套,将吴与蜀的矛盾巧妙的转化为吴与魏的矛盾,令周瑜在愤怒中调进圈套,答应联蜀抗曹。

向对手投降这种单方面放弃对抗的行为也不容易做到,一方面你要超越你自己狭小的胸襟,另一方面你也必须具备单方面放弃对抗的能力和资格。只有势均力敌者,甚至比敌人强大者,才能这样潇洒而富有胸襟。弱小则没有"投降"的可能。这样看来,向对手投降,更多不是弱小和怯懦者所做的事情。

巧妙地把握退让的尺寸

现实生活中凡事必讲"竞争"二字而忽略退让法则,不能不说是一大憾事。的确,竞争从古至今成就了无数仁人志士。但不少情形下:只要能做到胆大心细、洞察机遇、进则出奇制胜,退则气闲神定,照样可以助你成就一番伟业。

香港首富李嘉诚在商业竞争中的退让之道,不愧是现代商人争相学习的楷模。

在全球电信行业的角逐中,李嘉诚的联合企业是亚洲的领先者之一。和记黄埔集团在退出部分电信业务的同时也获得了280亿美元的收入。那么,和记黄埔将如何处置手中的280亿美元现金呢?

这一年 8 月，在伦敦的一家酒店客房里，和记黄埔的董事总经理霍建宁身前摊着一扎文稿，他全神贯注地思考着上面的数字：450 亿美元。这笔令人目眩的巨额资金是包括和记黄埔在内 6 家国际财团用来竞投德国第三代移动电话（3G）6 份营业执照的，不一会儿，霍建宁的手机响了，打来电话的是李嘉诚，和记黄埔 72 岁的董事长。当时，香港的天空乌云密布，台风抽打着李嘉诚新建摩天大楼的窗户。他给霍建宁的答案是：不。接到指示，霍建宁退出德国的拍卖，并且将和记黄埔在德国电信执照中所持有的股份卖给了两个合作伙伴：荷兰 KPNNV 公司以及日本 NTTDoCoMo 公司。

此时适逢暴风雨的高潮到来。分析员大声疾呼，和记黄埔最后一刻退出，意味着它将失去建立遍及欧洲大陆的第三代移动电话（3G）网络的机遇。有人因此奋起批评和记黄埔的投资政策，批评者指出，和记黄埔会因为这次失误而丧失机会，无缘成为 3G 电信世界中举足轻重的一员，而在这新一代电信世界中，最普及的高速互联网工具将是移动电话。

从当时的背景来看，众人对这一事件的反应如此激烈是很自然的。因为仅在一年半以前，和记黄埔在 3G 业务方面雄心勃勃。其麾下有许多市值很高的第二代移动电话（2G）运营商，如美国的声流公司（Voicestream），英国的 Orange 公司，这些公司都有可能成为 3G 业务的执牛耳者。而且李嘉诚与霍建宁也已拟订出各种计划，准备在法国、比利时、瑞典和瑞士的 3G 营业执照的拍卖中一拼高下。然而，和记黄埔从德国突然退出，可能预示着这些计划将撤销，或者至少会将规模缩小。因此，这个决定在当时激起了种种疑问。《纽约时报》（NewYork-Times）载文发问："超人（香港人对李嘉诚的昵称）失去威力了吗？"

当然不是，事实证明李嘉诚通过冷静的分析，已预测到第三代通讯的 3G 业务有可能会遭受到泡沫经济毁灭性打击，因而果断决定退出目

前市场前景尚不明朗的 3G 业务。也许是为了应验李嘉诚的投资判断，自从那一刻起，业界对在 3G 营业执照上花费的巨额投资疑虑重重。

电信股的价格波动反映出人们的这一焦虑。德国电信（DeutscheTelekom）的股价在过去 9 个月中猛然下挫了 60%；法国电信（FranceTelecom）下跌了 40%；英国电信（BritishTelecom）也下降了 45%。所有这三家公司都在 3G 业务上投入了巨额资金。与此形成对照的是，和记黄埔的股价只下跌了 20%，很大一部分原因是李嘉诚与霍建宁售出了所持有的电信股，而不是买入。和记黄埔留下的是 210 万名用户，140 万人在香港，其余的分布在印度、以色列等市场中。正如霍建宁所说的那样："我们事后发现，投资者满意公司从德国市场退出的举动。"股价下跌 20% 并不代表投资者个个都是欢天喜地；不过，由于减少了更大的损失，所以倒很值得庆幸。

"物竞天择，适者生存"，现代人对这句话的理解大多失之偏颇，忽视了其灵魂——"适"。这一"适"字却在严肃地告诉我们要在"竞"的同时把握"不竞"而"退让"，只有这样才能保证你在商海中做到游刃有余。

第八章

高处不胜寒,学会在急流中勇退

激流勇退,见好就收,是中国传统文化中的精髓,是人生更好立业的一大智慧。在历史上,经常有些人在仕宦之途上功成名就后而选择隐退。在人生最辉煌、最得意的时候归隐,其目的就是为了更好地保全自己的功名。须知,能足登绝顶的固然是英雄,但那些能及时从峰顶隐退的人更是智者,更是英雄。

适时而退，彰显做人的智慧

人生如战场，所以在很多人看来，要想成为强者，就必须奋勇前进，不给自己留任何退路而且最好还是破釜沉舟背水一战。但人生的战场远非像战斗那么简单，它是靠人的智慧作战的，是需要糊涂与聪明皆具的。

看过《三国演义》的人都知道，周瑜是东吴的大将，他聪明过人，才智超群。然而，他却对蜀相诸葛亮一直耿耿于怀，几次想除掉诸葛亮，却未能得逞。赤壁之战，周瑜损兵折将，费了不少钱粮打仗，却让诸葛亮从中得了大便宜，气得周瑜"大叫一声，金疮迸裂"。后来，周瑜用美人计，骗刘备去东吴成亲，被诸葛亮将计就计，结果是"赔了夫人又折兵"，气得周瑜又"大叫一声，金疮迸裂"。最后，周瑜用"假途来虢"之计，想谋取荆州，被诸葛亮识破，四路兵马围攻周瑜，并写信规劝他，周瑜仰天长叹"既生瑜，何生亮"连叫数声而亡命。

周瑜的失败不因为他在人生这场战斗中没有采取积极的战术，而是他没有难得糊涂的心态，把成败得失看得太重。其实，如果一个人在与对手的势力对比中处于下风的话，那么"保住自己"是当务之急，虽然弱者也可利用矛盾，利用强者之弱获得"生存之地"，但也必须时时面对强者的压力，因此"保住自己"也不是一件容易的事情。当你面对强大于自己的对手时，绝不可为了摆脱压力而主动求战，因为如果这样固然不能排除获胜的可能，但也肯定是胜得凄惨，至于灭亡的可能性那可就太大了。所以，在这种情况下，"不战"是上策，否则就是拿胳膊去和大腿叫劲，结果只会是自取其辱。

所以，在与对手势均力敌之时，不战，自然可以降低损伤，可以和对手维持和谐的关系，也可以透过冷静的观察，掌握对方的动向，以便做到"知彼知己"，那时即使对手先出手，自己也可以镇定迎战。

而如果对手弱于自己，那么即使他百般挑衅，也不要受骗上当，要坚决不与之一般见识，因为与能力低下甚至是跳梁小丑式的人物"交战"，不仅是白白消耗了自己的精力，还会令自己变得鄙俗起来，即便赢了也不光彩。

和一个德才兼备、光明磊落的人做对手，竞争中因对手的出色，可以带动和提升自己的能力和素养，从而获得竞争的快感，而和一个能力比自己相差十万八千里的对手"交火"，只会使自己在离成功目标越来越远的同时，给世人留下耻笑的把柄。所以面对"弱"于自己的人，我们应一概挂出"免战"牌。

一个人活着，遭遇对手是再正常不过的事。但如何面对对手必须要讲究方式方法，更要有一种糊涂而不失睿智的手段来处理进退难题。

弱者"不战"，可以避免损失，可以避免失去"生存之地"，只有"生存"下去，才有可能在一段时间之后成为"强者"，在态势上取得"胜利"。因此"进则败、退则胜"这一策略对"弱者"显得格外有价值。

下山的也是英雄

下山的也是英雄，意思就是说，知道退路的人心胸宽，度量大，是个不凡之人。许多朋友们也都承认，人生就是一个不断获得又不断失去的过程。可当他们失去名望、地位时，又有几人能心如静水，波澜不惊

呢？其实能足登绝顶的固然是英雄，但那些能及时从峰顶隐退的人又何尝不是真英雄？

有多少人把"隐退"当成"失败"。曾经有过非常多的例子显示，对于那些惯于享受欢呼与掌声的人而言，一旦从高空中掉落下来，就像是艺人失掉了舞台，将军失掉了战场，往往因为一时难以适应，而自陷于绝望的谷底。

心理专家分析，一个人若是能在适当的时间选择做短暂的隐退（不论是自愿还是被迫），都是一个很好的转机，因为它能让你留出时间观察和思考，使你在独处的时候找到自己内心真正的世界。

唯有离开自己当主角的舞台，才能防止自我膨胀。虽然，失去掌声令人惋惜，但往好的一面看，心理专家认为，"隐退"就是在进行深层学习，一方面挖掘自己的阴影，一方面重新上发条，平衡日后的生活。当你志得意满的时候，是很难想像没有掌声的日子。但如果你要一辈子获得持久的掌声，就要懂得享受"隐退"。

事实上，"隐退"很可能只是转移阵地，或者是为下一场战役储备新的能量。但是，很多人认不清这点，反而一直沉湎于过去的荣耀，他们始终难以忘情"我曾经如何如何"，不甘于从此做个默默无闻的小人物。

作家费奥里娜说过一段令人印象深刻的话："在其位的时候，总觉得什么都不能舍，一旦真的舍了之后，又发现好像什么都可以舍。"曾经做过杂志主编、翻译出版过许多畅销书的费奥里娜，在四十四岁事业最巅峰的时候退了下来，选择当个自由人，重新思考人生的出路。

费奥里娜带着两个子女悠然隐居在新西兰的乡间，充分享受山野田园之乐。因为要适应新的环境，她才猛然发觉人生其实有很多其他的可能，后退一步，才能使自己从执迷不悟中解放出来。

四十岁那年，麦利文从创意总监被提升为总经理，四年后，他自动

"开除"自己，舍弃堂堂"总经理"的头衔，改任没有实权的顾问。

正值人生最巅峰的阶段，麦利文却奋勇地从急流中跳出来，他的说法是："我不是退休，而是转进。"

"总经理"三个字对多数人而言其代表着财富、地位，是事业身份的象征。然而，短短三年的总经理生涯，令麦利文感触颇深的，却是诸多的"莫可奈何"与"不得不为"。

他全面地打量自己，他的工作确实让他过得很光鲜，周围想巴结自己的人更是不在少数，然而，除了让他每天疲于奔命，穷于应付之外，他其实活得并不开心。这个想法，促成他决定辞职，"人要回到原点，才能更轻松自在。"他说。

辞职以后，司机、车子一并还给公司，应酬也减到最低，不当总经理的麦利文，感觉时间突然多了起来，他把大半的精力拿来写作，抒发自己在广告领域多年的观察与心得。

"我很想试试看，人生是不是还有别的路可走？"他笃定地说。

人生机遇不同，有人是"高开低走"，少年得志，结果却晚景凄凉；有人则是"开低走高"，原先不怎么顺畅，到了中年以后才开始发迹。

多年前，曾经在台湾股市刮起一阵旋风的胡立阳声称，自己就是典型"高开低走"的人，年纪轻轻，三十四岁就博得过满堂喝彩。然而，精彩表演结束，离开了光芒四射的舞台，过去所有的丰功伟业全部被一笔勾销。

胡立阳当红时，"股市教父"、"股市天王巨星"等美名接踵而来，所到之处，更是人群簇拥。当他由幕前走入幕后，昔日情景也一去不返，胡立阳非常难以适应，总是喃喃自叹："怎么，这个世界居然把我遗弃了？"

当他看到一些比他晚出道的后辈，如今几乎各个拥有一片天，心情之落寞更是难以言喻。胡立阳不讳言,有一阵子,自己真是患得患失到了极点,并且严重失眠。

就这样过了二三年直到去淡水看海,一个人独坐海边整整六个小时,望着潮起潮落,他突然有所领悟:"大海不永远都是后浪推前浪吗?这就是人生啊!不光是我一个人的际遇如此,我又有什么好自怨自艾的呢?"

从淡水看海以后,胡立阳算是彻底醒悟过来,他察觉到,人不应该一直缅怀过去,否则会愈来愈消沉,冲劲会流失。他决定让自己重新"归零",把从前的记忆全部抛开,做一个"没有过去,只有未来"的人。

经过高峰到谷底,胡立阳形容目前的自己是"打着光脚走路",不管别人怎么看他,他只想踏踏实实做自己喜欢做的事。他终于悟出一个道理:"如果你自认只是个平凡人,你就不会觉得自己失去过什么。"

现实生活中,由于这样或那样的变故,一些人可能会从正值辉煌的事业中隐退下来,这时你必须及早转换心态,不要纠缠于过往的得失,学会弯曲,这样你才能拥有一个崭新的未来。

该退必须退一步

会下棋的人都明白这样一个道理:退得妙恰如进得巧。一旦获得成功——就算还有更多的成功——也要见好就收。当运气来得太猛太快时,它很可能会摔倒并把什么东西都撞得七零八落。长时期的紧张作战,任何人都会吃不消,因此,一定要进退有节。

萧何、张良和韩信并称"汉初三杰"。前两人,在刘邦战胜项羽

后，都先后或激流勇退，或处处小心谨慎才有个善终。只有韩信，由于没有见好就收，功成后不知退步，最终成了"兔死狗烹"的又一实证。

"兔死狗烹"是中国古代的一句俗语："狡兔死，走狗烹；飞鸟尽，良弓藏。"虽然说，历史上立下大功而遭致杀身之祸者数不胜数，但韩信则是其中最为典型的"被烹"之人。

韩信作战确实棋高，很有一套，刘邦拜他为大将也的确很有眼光。但是，刘邦始终对他不太放心，总怕他恃功谋反。而韩信呢？他的军事造诣的确高，而且不知比刘邦要强多少，但处世应变能力却绝对无法与刘邦相比。他始终对刘邦存有幻想，总以为自己为刘邦出生入死，刘邦不会对他下手。在刘邦面前说话，不仅毫无顾忌，而且也没有分寸。

一天，两人在议论将领优劣时，刘邦问韩信说："你看我能领多少兵马？"韩信脱口而出："陛下不过能领10万兵而已。"刘邦又问道："那你能领多少兵马？"韩信自信地说："多多益善。"刘邦一笑："君既多多益善，为何为我所控？"韩信老实回答："陛下不善统兵，却善驭将。"可见，刘邦对韩信的猜忌之意，谁都能体会出来，独有韩信自己却毫不觉察。

韩信的好友蒯通才智过人，他早已觉察出刘邦对韩信的猜忌，曾经劝说韩信及早有所准备，否则后果不堪设想。谁知韩信听了却无动于衷。后来刘邦登基，封韩信为淮阴侯，而没有封王，令韩信甚为不快。接着刘邦出征平叛，韩信赌气不去，给人留下把柄。吕后在平叛成功之后以韩信谋反之名，派萧何将韩信骗入宫内，假召天子之令，处决了韩信。

当年，是萧何月下把韩信追回并推荐为大将的；如今，又是萧何把韩信引诱入宫杀害。正所谓"成也萧何，败也萧何"，世道沧桑可见一般！而刘邦回到长安后并未责备吕后擅自杀害功臣，可见刘邦对此是默许的。

第八章 >>> 高处不胜寒，学会在急流中勇退

现在看来，如果韩信当初听了蒯通的话，及早离刘邦而去，大概不会遭此大难。或者如果韩信能明智一点，及早像张良、萧何那样激流勇退、谨慎处世，恐怕也不至于遭致如此可悲的结局。见好就收，好自为之，不因贪图一时之富贵而头脑发热，韩信被诛的教训值得今人借鉴。

功大不要太气盛

有功者往往居功自傲，盛气凌人，贪权恋势，殊不知杀身之祸多由此而起。十分功绩，若夸耀吹嘘，则仅剩七分，如果凭着功劳而骄傲自大，目中无人，甚至仗势欺人，那么功绩自然又减三分。自明者不管功劳如何卓著，都懂得谦虚谨慎，面对人生荣辱得失，以平常心态视之，当抽身时须抽身。功成而身退，则可垂名万世，若争功夺名，贪爵恋财，忘乎所以，居功自傲，必将招致祸害，最终身败名裂。

清朝名将年羹尧，自幼读书，颇有才识，他于康熙三十九年中进士，不久授职翰林院检讨，但是他后来却建功沙场，以武功著称。这位显赫一时的大将军多次参与平定西北地区武装叛乱，曾经屡立战功、威镇西陲。1723年青海叛乱，他官拜抚远大将军，领兵征剿，只用一个冬天，就迫使叛军10万人投降，叛军首领罗卜藏丹逃往柴达木。

因为他的卓越才干和英勇气概，年羹尧备受康熙和雍正的赏识，成为清代两朝重臣。康熙在位时，就经常对他破格提拔，到了雍正即位之后，年羹尧更是备受倚重，和隆科多并称雍正的左膀右臂。成为雍正在外省的主要心腹大臣，被晋升为一等公。年羹尧不仅在涉及西部的一切问题上大权独揽，而且还一直奉命直接参与朝政。雍正对年羹尧的宠信到了无以复加的地步。此时的年羹尧，真是志得意满，完全处于一种被恩宠的自我陶醉中。

年羹尧自恃功高，做出了许多超越本分的事情，骄横跋扈之风日甚一日。他在官场往来中趾高气扬、气势凌人。他赠送给属下官员物件的时候，令他们向着北边叩头谢恩，在古代，只有皇帝能这样；发给总督、将军的文书，本来是属于平级之间的公文，而他却擅称"令谕"，把同官视为下属；甚至蒙古扎萨克郡王额驸阿宝见他，也要行跪拜礼。这些都是不合乎朝廷礼仪的越位举动。

对于朝廷派来的御前侍卫，理应尊敬优待，但年羹尧却把他们留在身边当作一般的奴仆使用。按照清代的制度，凡上谕到达地方，地方人员必须行三跪九叩大礼迎诏，跪请圣安，但雍正的恩诏两次到西宁，年羹尧竟然不行礼而宣读圣谕。

有一次打仗归来，年羹尧进京拜见雍正，在赴京途中，他令都统范时捷、直隶总督李维钧等跪道迎送。到京时，黄缰紫骝，郊迎的王公以下官员跪接，年羹尧却安然坐在马上，连看都不看一眼。王公大臣下马问候，他也只是点点头而已。更有甚者，在雍正面前，他的态度竟也十分骄横，不遵循大臣应守的礼仪，让雍正非常不高兴。

年羹尧陪同雍正皇帝在京城郊外阅兵，雍正对士兵们说："大家辛苦了，可以席地而坐。"连下了三道圣谕都没有一个人动，直到年羹尧说："皇上让大家席地休息。"这时全体士兵才整齐的坐下，盔甲着地声震动山野。雍正觉得很奇怪，年羹尧解释说，将士们长期在外打仗，只知道有将军，哪知道有皇帝？这本身虽然说明年羹尧治军有方，但年羹尧本来就功高震主，飞扬跋扈，雍正当时早已产生疑惧。

年羹尧不仅凭着雍正的恩宠而擅作威福，还结党营私，培植私人势力，每有肥缺美差必定安插他的亲信。此外，他还借用兵之机，虚冒军功，使其未出籍的家奴桑成鼎、魏之耀分别当上了直隶道员和署理副将的官职。

年羹尧的所作所为引起了雍正的警觉和极度不满。年羹尧职高权重，又妄自尊大、违法乱纪、不守臣道，招来群臣的嫉恨和皇帝的猜疑是不可避免的。雍正是自尊心很强的人，又很喜欢表现自己。年羹尧功高震主，居功擅权，使皇帝落个受人支配的恶名，这是雍正所不能容忍的，也是雍正最痛恨的。于是几次暗示年羹尧收敛锋芒，遵守臣道，但年羹尧似乎并没放在心上，依旧我行我素。

不久之后，风云骤变，弹劾年羹尧的奏章连篇累牍，最后被雍正帝削官夺爵，列大罪92条，赐自尽。一个曾经叱咤风云的大将军最终命赴黄泉，家破人亡，如此下场实在是令人叹惋。

"福兮祸所伏"，世间万事万物都处在一个矛盾的统一体中，荣耀或许就是祸害的开始。无论何时都应该保持谦虚谨慎、低调行事的作风，不飞扬跋扈，不居功自傲，以一颗平常心态看待人生荣誉，才能以不变之心应万变。

谦虚谨慎是成功人士必备的品格，它能使一个人面对成功、荣誉时不骄傲，把它视为一种激励自己继续前进的力量，而不会陷在荣誉和成功的喜悦中不能自拔，把荣誉当成包袱背起来，沾沾自喜于一得之功，故步自封，更不会因为功绩而妄自尊大，高高在上，盛气凌人，从而避免了因成功而带来的祸害。

得势的时候要不时地提醒自己"福兮祸所伏"，慎言慎行，宽容礼让，才能保持其成功长盛不衰，即便从顺境陷入逆境，也能做到不惊不诧，应付自如。

放下功名，即可超脱

放得下功名富贵之心，便可脱凡；放得下道德仁义之心，才可入圣。意思是如果能够抛弃功名富贵之心，就能做一个超凡脱俗的人；如果能够摆脱仁义道德之心，就可以达到圣人的境界。这道出了一种淡定与从容，道出了一种释怀与洒脱。

严子陵是我国古代著名的隐士，会稽余姚人。他的本名叫严光，子陵是他的字。严光年轻时就是一位名士，才学和道德都很受人推崇。当时，严光曾与后来的汉光武帝刘秀一道游学，二人是同窗好友。

后来，刘秀当了皇帝，成为中兴汉朝的光武帝，光武帝便想起了自己的这位老同学。因为找不到叫严光的人，所以就命画家画了严光的形貌。然后派人"按图索骥"，拿着严光的画像到四处去寻访。过了一段时间之后，齐国那个地方有人汇报说："发现了一个男人，和画像上的那个人长得很像，整天披着一件羊皮衣服在一个湖边钓鱼。"

刘秀听了这个报告，怀疑这个钓鱼的人就是严光，于是就派了使者，驾着车，带着厚礼前去聘请。使者前后去了三次才把此人请来，而且此人果然就是严光，刘秀高兴极了，立刻把严光安排在宾馆住下，并派了专人伺候。

司徒曹霸与严光是老熟人了，听说严光来到朝中，便派了自己的属下侯子道拿自己的亲笔信去请严光。侯子道见了严光，严光正在床上躺着。他也不起床，就伸手接过曹霸的信，坐在床上读了一遍。然后问侯子道："君房（曹霸字君房）这人有点痴呆，现在坐了三公之位，是不是还经常出点小差子呀？"侯子道说："曹公现在位极人臣，身处一人

之下万人之上，已经不痴了。"严光又问："他叫你来干什么呀？来之前都嘱咐你些什么话呀？"侯子道说："曹公听说您来了，非常高兴，特别想跟您聊聊天，可是公务太忙，抽不开身。所以想请您等到晚上亲自去见见他。"严光笑着说："你说他不痴，可是他教你的这番话还不是痴语吗？天子派人请我，千里迢迢，往返三次我才不得不来。人主还不见呢，何况曹公还只是人臣，难道我就一定该见吗？"

侯子道请他给自己的主人写封回信，严光说："我的手不能写字。"然后口授道："君房足下：位至鼎足，甚善。怀仁辅义天下悦，阿庚顺旨要断绝。"侯子道嫌这回信太简单了，请严光再多说几句。严光说："这是买菜吗？还要添秤？说清意思就行了嘛！"

曹霸得到严光的回信很生气，第二天一上朝便在刘秀面前告了一状。光武帝听了只是哈哈大笑，说："这可真是狂奴故态呀！你不能和这种书生一般见识，他这种人就是这么一副样子！"曹霸见皇上如此庇护严光，自己也就不好说什么了。

刘秀劝过曹霸，当时便下令起驾到宾馆去见严光。

大白天的，严光仍是卧床不起，更不出迎。光武帝明知严光作态，也不说破，只管走进他的卧室，把手伸进被窝，抚摸着严光的肚皮说："好你个严光啊，我费了那么大的劲把你请来，难道竟不能得到你一点帮助吗？"

严光仍然装睡不应。过了好一会儿，他才张开眼睛看着刘秀说："以前，帝尧要把自己的皇位让给许由，许由不干，和巢父说到禅让，巢父赶快到河边洗耳朵。士各有志，你干什么非要使我为难呢？"光武帝连声叹声道："子陵啊，子陵！以咱俩之间的交情，我竟然不能使你折节，放下你的臭架子吗？"严光此时竟又翻身睡去了。刘秀无奈，于是只好摇着头登车而去了。

又过了几天，光武帝派人把严光请进宫里，两人推杯论盏，把酒话旧，说了几天知心话。刘秀问严光："我和以前相比，有什么变化没有？"

严光说："我看你好像比以前胖了些。"

这天晚上，二人抵足而卧，睡在了一个被窝。严光睡着以后，把脚放在了刘秀的肚子上。第二天，主官天文的太史启奏道："昨夜有客星冲撞帝星，好像圣上特别危险。"刘秀听了大笑道："不妨事，不妨事，那是我的故人严子陵和我共卧而已。"

刘秀封严光为谏议大夫，想把严光留在朝中。但严光坚决不肯接受那种做官的束缚，终于离开了身为皇帝的故友，躲到杭州郊外的富春江隐居去了。后来汉武帝又曾下诏征严光入宫做官，但都被严光回绝了。严光80岁那年去世。为了表示对他的崇敬，后人把严光隐居钓鱼的地方命名为"严陵濑"。传说是严光钓鱼时蹲坐的那块石头，也被人称为"严陵钓坛"。

由于严光不贪图权势，不惑于富贵，颇合于孟子所提倡的"威武不能屈，富贵不能淫"的精神，所以便成为儒教所推崇的隐士型的典范。

中国古典小说《红楼梦》中，有一段《好了歌》，十分精彩。"人人都说神仙好，唯有功名忘不了"，结果是"荒草一堆草没了"。说到底，只有"好"，才能"了"，关键在于"了"字。这个"了"看似容易，但做起来却极难。许多人都说荣辱如流水，富贵似浮云，但老是在功利、虚名、荣华中解脱不开，身受束缚，结果身名俱损。

功成不居，急流勇退

退让是一种低姿态，如果在一些问题上适当退让，不但会让自己占据有利位置，更会博得以后的大成功。才智超群的人广博豁达，自然不

会急躁、轻狂。丰富的知识使得他们的思想深沉，涵养有素，懂得低调做人。

1945年日寇投降时，粟裕的部队发展到几万人，建立了广大的解放区。10月，中央任命他为苏皖军区司令，张鼎丞为副司令。粟裕接到电报后，对中央的任命深感不安，便向中央和华中局发了电报，请求由张鼎丞任司令，自己为副职。隔了一段时间没有收到中央和华中局的复电，他当机立断，命令业务部门暂不发任命文件，自己又向中央发了封加急电报，详述了自己要求改任的理由：张鼎丞是前辈，资格能力均超过了自己，战功卓著，政策水平高，声望更高，理应以张为司令。中央认为粟裕从大局出发，深谋远虑，句句在理，便同意了他的要求，改变了原先的任命。

1948年5月，中央提出让粟裕率华东野战军三个纵队渡江作战，开辟根据地，调动蒋军南撤，以减轻中原战场的压力。粟裕经仔细考虑后，提出在中原大决战的设想，不应抽调兵力去江南，中央接受了他的意见。鉴于粟裕对淮海战役的设想步骤比别人早，准备也早，中央又决定调陈毅和邓子恢到中原局和中原军区工作，由粟裕担任华东野战军和华东军区的司令、政委。粟裕又一次提出请求，他从华野的具体情况出发，认为华野离不开陈毅，陈毅也离不开华野，自己愿居副职。毛泽东接受了他的请求，又从中原大决战的需要出发，让陈毅继续任华野司令兼政委，但去中原局负责协调华野和中野的工作，粟裕任华野代司令员兼代政委，统一指挥华野参加淮海战役的作战。

在职位高低上的谦让体现了粟裕的风格。高风亮节和独具慧眼的战略目光体现了粟裕将军的完美人格，更体现了中国人传统的美德。居功不傲，谦让禅贤，正是一种可贵的品德。

立身处世，事事都须谨慎，不能只进不退，更不能居功自傲。

王导是东晋初期杰出的政治家，西晋灭吴后，司马睿为安东将军初

到建康，南方士族都不理他。王导为了要在吴境建立以北方士族为骨干的东晋朝，必须先树立司马睿的威信。他精心安排朝见司马睿的仪式，非常威严，南方士族都敬服拜于道左，司马睿威信大增，王导也因此备受宠信。司马睿登上皇帝宝座后，为感激王导辅佐，多次请王导与他一起接受群臣们的朝贺，王导固辞不就，因而更得司马睿的倚重。322年，王导堂兄王敦认为司马睿远贤近佞，要起兵讨伐，另立新主，王导不从，王敦只得作罢。323年，晋明帝司马绍继位，王敦派其兄王含进攻建康，要推翻司马氏自立，王导言辞讨伐，又用计打败王含，保住了司马氏政权，从而进位太保。他功成不居，不坐御床，深得各朝皇帝的信任和大臣的拥戴。

王导深明退让之道。他为了家族和利益，自己不居功，在家族中有人想造反的情况下，居然能全身而退，依旧荣虚不衰，以至于民间流传着"王与马，共天下"的民谣。这就是王导退让的结果。如果他骄横跋扈的话，绝不会风光太久。

不要太放纵自己的欲望

《道德经》中说："物壮则老，谓之不道，不道早已。"这意思是说，过度的犟执趋求会使之气息涣散，外强中干，过早地老化，这不合于道，不合于道的总是会过早地灭亡。无论是老子，还是庄子，都反复强调一个"度"，这个"度"便是"道"。合于道的，也就是在"度"之内的，便是随顺自然茁壮有力的，反之则是趋于老化趋于灭亡的。

这就好像是一个苹果，一旦熟得过分，那也就离腐烂不远了。名利便是这样的苹果，如果任追求名利的愿望过分膨胀，那就好像是在把苹果催熟，一不小心便得到了一个烂苹果。

　　名著《红楼梦》中刻画了众多形象丰满生动的人物，王熙凤无疑是其中令人印象尤为深刻的人物之一。人们一面惊叹于她无与伦比的治家才能，她的人际交往的手段技巧，另一面又不禁感叹她的结局的凄凉。在书中王熙凤的判词是这样的："机关算尽太聪明，反误了卿卿性命。"

　　"机关算尽"这四字道尽了王熙凤对一己私欲的放纵，她个性好胜，作为管理贾府的人，她想尽办法想使贾府振兴起来，或者至少维持着大家族表面上的兴旺，但是她的鞠躬尽瘁却招来贾府上下的一片不满，最终也没能使贾府有什么起色，死后甚至连女儿都保不住。

　　熟悉凤姐的各色人等说她是："于世路好机变，言谈去得。心性又极深细，竟是个男人万不及一的。""少说着只怕有一百个心眼子，再要赌口齿，十个会说的男人也说不过她呢！""真真泥脚光棍，专会打细算盘。""天下都叫她算计了去。"然而她这样一个聪明人，却不仅好名，而且好利。

　　不论是对于金钱的欲望，还是对于权名的欲望，王熙凤都毫不知道节制，也不担心会有什么不良后果，因为她说自己是从来不怕阴司地狱报应的，因此什么狠心的事她都做得出来。在第十五回，她弄权铁槛寺，一手操纵了张金哥之事。在这件事中，她巧妙地运用贾琏的关系，轻而易举地敲诈了三千两银子，至于张金哥与守备之子的死，她全然不放在心上。手段高明但却阴险。——为了一个利字，可以妄顾他人性命，这又怎么能说不是对私欲的过于放纵呢？

　　在协理宁国府一回中，为操办秦可卿的丧事，她受命于混乱之际，目的自然是为了展现自己的才能。这种表现欲在当今社会看来无可厚非，但是同样的表现欲于她就不仅仅是展现自己的才能而已了，就会演变成一种无法节制，不能收敛的贪婪。她对于金钱的贪欲，不仅是在外利用像张金哥一案那样的机会敛财，而且苛扣下人的月钱放高利贷，利用职务之便贪污受贿——为了争她身边一个丫环的名位，各色人等都来送礼，甚至在害死尤二姐之后，连丈夫贾琏的钱都搜刮得一干二净。就连她自己也说："若按私心藏奸上论，我也太狠毒了。也该抽身退步，回头看看。"

可是她真的抽身退步了吗？没有。欲望膨胀到一定的程度，就是洪水猛兽，她不仅没有退步，而且做什么事情都是赶尽杀绝，不留后路。

正如老子所说，"物壮则老"，欲望已经膨胀到这种地步，早已脱离了大道，那么自然也就只能是"不道早已"了。最后王熙凤作威作福，积怨渐多。赵姨娘想要为儿子贾环争夺继承权，不惜使用巫术对付她和宝玉；宁国府的尤氏则伺机奚落她，拉拢她的亲信和仇敌；连她的婆婆邢夫人也是抓住机会就要打压她，利用"绣春囊"一事大做文章；下人们也早已不能忍受她的刻薄贪吝和狠毒，骂她是"巡海夜叉"，用各种方式抵制她的统治，是"墙倒众人推"。各种错综复杂的矛盾弄得她心力交瘁，大病小病不断，额头上的膏药是总得贴着的。而且连贾琏对她也是恨之入骨，最后王熙凤落得个"一从二令三人木"的下场，实在令人感叹。

从这一点来看，王熙凤的聪明实在称不上多么高明，她有的只是世俗的小聪明，以为自己始终能把一切都掌握在手中，能将众人玩弄于股掌之上，但是她却没有看到"物壮则老"的规律，最后自食恶果。

王熙凤这个人物形象其实就是贾府的一个缩影，仗着祖先的余荫，仗着元春入宫为妃，整个贾府其实都在肆无忌惮地放纵着自己的欲望，尤其是那些代表着贾府的延续的男人们。贾府从"烈火烹油，鲜花着锦之盛"到"呼喇喇似大厦倾"，从极盛而至衰，恰恰体现了老子的论点。

那些老少主子爷们在生活上极尽奢华，当初为秦可卿这么一个年轻媳妇办丧事，宁国府的当家人贾珍就不惜倾其所有，只为了丧礼上的风光，就花了一千两银子为贾蓉买了个"五品龙禁尉"的虚衔；上好的杉木板皆不中用，直至选中了"拿着一千两银子，只怕没处买"的樯木棺材；停灵49天，家下执事仆从人等可数得上的，就有130余人穿梭般忙碌于其中；出殡之日沿路搭设彩棚，设席张筵进行路祭，其势轰动朝野。而且他们吃喝嫖赌种种恶习无一不沾，直让柳湘莲感叹"只有门口这两只石狮子是干净的"。依财仗势，包揽词讼，欺压百姓，狎妓酗酒，种种恶行丑态不一而足。最后贾府被抄，革去世职，流放赎罪，赫赫贾府家计萧条，每况愈下。

这些场景缩小了来看，和王熙凤的所作所为直至结局是多么相似啊。贾府的由盛至衰，不就是因为那些老少主子爷们的放纵贪婪吗？他们的贪欲被无穷尽地放大了，就像拼命吹大的气球，总有吹破的那一天，到时便是落得"白茫茫一片大地真干净"的时候。

这便是"物壮则老"的规律。我们对于名利的追求切不可过度，否则就会落入为求名利而不择手段的泥潭，如此，道路必然越走越窄，甚至越走越黯淡。

云再高也在太阳底下

自古以来，有功者常常居功自傲，有才者往往恃才张狂，抢尽风光，连位居他之上的人都不放在眼里，殊不知杀身之祸多由此起。掩饰自己的长处，自动忽略自己的功劳，谦逊地保持低姿态，退出众人注目的焦点，或许才是在权势面前得以自保的最佳途径。

周亚夫是汉朝名将，他经历文、景两朝，通晓兵法，善于治军，尤其是平定七国之乱时，更是立下了赫赫战功。周亚夫的功劳赢得了人们的一致称誉，汉朝皇帝也很重用他，到景帝时升他为丞相，权位十分显要。但是周亚夫直率固执，不太圆滑，并且仗着曾经立过功劳，比较高傲，经常得罪皇亲国戚及朝中大臣。七国之乱时，因为不肯出兵援救景帝的弟弟梁王刘武，使刘武对他怀恨在心，从此结下了仇怨。刘武很受窦太后宠爱，与景帝关系密切，他每逢入朝，经常在窦太后面前说周亚夫的坏话，极尽中伤诬陷之能事。窦太后听信了这些话，经常在景帝面前提起，景帝对周亚夫的印象渐渐变坏。

周亚夫因为曾经立过大功，连前朝皇帝都另眼相看，因此经常对景帝出言顶撞。有一次，景帝想要立皇后的哥哥王信为侯，结果被周亚夫劝止。周亚夫秉性直爽，不懂得劝谏艺术，与景帝争执起来，还固执己见。他搬出高祖刘邦的话，认为不是刘氏的人不能封王，如果没有战功不能封侯，而且直言不讳，认为王信并无半点功劳，封侯就是违反祖训。尽管周亚夫言之有理，无懈可击，但是话从他口中出来，就好似他正义凛然，景帝则是昏君，不尊祖训不忠不孝，使景帝很没面子。景帝觉得周亚夫太张狂，蔑视皇帝，心里非常恼怒。

后来又发生几件事情，周亚夫劝谏景帝不成，经常碰钉子，于是上书称病辞官。景帝心想周亚夫功勋卓著，威望甚高，如今负气离去，让人不太放心。于是专门宣召周亚夫，请他赴宴，准备考验他一下。

周亚夫到了宫中，拜见完景帝后入席。他发现自己只有一只酒杯，没有刀叉、筷子，而且盘子里是一整块大的肉，根本没法吃。他非常生气，觉得景帝在戏弄他，于是转过头对侍从说："给我拿双筷子！"侍从已经得知了景帝的安排，站在那里装聋作哑。

周亚夫吃惊不小，正要发作，景帝突然说："丞相，我赏你这么大一块肉，你还不满足吗？还向侍从要筷子，真是讲究啊！"

周亚夫真是又羞又恨，赶紧摘下帽子，向皇帝跪下谢罪。

第八章 >>> 高处不胜寒，学会在急流中勇退

181

景帝说："起来吧，既然丞相不习惯这样吃，那就算了，今天的宴席到此结束。"

周亚夫听了，起身向皇帝告退，转身头也不回快步离去。

景帝通过此事，知道周亚夫不是一个知足常乐之人，并且个性张扬，目中无人，将来恐怕会惹麻烦，于是想把他除掉。几天后，景帝找了个借口把周亚夫逮捕入狱，最后周亚夫在狱中绝食而亡。

周亚夫之死完全在于他太过率直高傲，而忽视了君主的一己之私。忠君未必是爱国，君国并非一体，损害了君王的利益，驳了皇帝的面子，只会置自己于死地。皇帝喜欢被人辅佐，却不喜欢被人超越，更不喜欢被人蔑视和教训。在领导者面前保持低调，掩饰锋芒，其实是自我保护的一种途径。古今中外，不谙此道的人多半没有好结局。

法国财政大臣富凯为了博得路易十四的欢心，请路易十四到他新建的沃勒维特孔宫吃饭。他决定策划一场前所未有的最壮观的宴会，他邀请了当时欧洲最显赫的贵族和最伟大的学者。还请当时著名的剧作家莫里哀为这次盛会写了一部剧本，准备晚宴时粉墨登场。

这次宴会是法国历史上最奢华的一次，6000名宾客均使用金银餐具，一次酒宴花了12万里弗尔。许多人从未尝过的东方食物，庭院和喷泉以及烟火和莫里哀的戏剧表演都让嘉宾们兴奋不已。他们都认为这是自己参加过的最令人赞叹的宴会。

然而出人意料的是，第二天一早，国王就逮捕了富凯。三个月后，富凯被控犯有窃占国家财富罪并进了监狱，他在单人囚房里度过了人生最后的20年。

路易十四傲慢自负，号称"太阳王"，希望自己永远是众人注目的焦点，他怎能容忍财政大臣抢占自己的风头呢？

富凯本以为国王观看了他精心安排的表演，会感动于他的忠诚与奉献，还能让国王明白他的高雅品味和受人民欢迎的程度，对他产生好

感,从而任命他为宰相。然而事与愿违,路易十四看到富凯的宫殿如此富丽,远胜于己,不禁怒从心起。每一个新颖壮观的场面,每一位宾客给予的赞赏和微笑,都让路易十四感觉富凯的魅力超过自己。

太空中满是繁星,却只能有一个太阳,星星是不可能与太阳争辉的。富凯打错了如意算盘,有"太阳王"之称的路易十四怎么会让别人夺取他的光辉呢。

每个人都会有不安全感,如果总让那些位居你之上的人觉得你比他优越,并且你的这种优越已经威胁到他的声誉和位置,这将是非常危险的事情。如果想要保全自己,受到上司的赏识并获得成功,抢夺上司的风头,蔑视领导的尊严或许是最严重的错误。

在功成时要学会收手

谢事当谢于正盛之时,居身宜居于独后之地。急流勇退应当在事情正处于巅峰的时候,这样才能使自己有一个完满的结局,而处身则应在清静、不与人争先的地方,这样才可能真正地修身养性。

对于名利权势,不同的人有不同的态度。有的人很明智,知道权势不一定能够给人带来幸福,所以不去争权夺势,而是忍耐住自己对权利的渴望,在事业成功时全身而退。

西汉张良,字子孺,号子房,小时候在下邳游历,在破桥上遇到黄石公,替他穿鞋,因而从黄石公那儿得到一本书,是《太公兵法》。后来追随汉高祖,平定天下后,汉高祖封他为留侯。张良说道:"凭一张利嘴成为皇帝的军师,并且被封了万户子民,位居列侯之中,这是平民百姓最大的荣耀,在我张良是很满足了。愿意放弃人世间的纠纷,跟随赤松子去云游。"司马迁评价他说："张良这个人通达事理，把功名等同于身外之物，不看重荣华富贵。"

张良的祖先是韩国人，伯父和父亲曾是韩国宰相。韩国被秦灭后，张良力图复国，曾说服项梁立韩王成。后来韩王成被项羽所杀，张良复国无望，重归刘邦。楚汉战争中，张良多次计出良谋，使刘邦险中转胜。鸿门宴中，张良以过人的智慧，保护了刘邦安全脱离险境。刘邦采纳张良不分封割地的主张，阻止了再次分裂天下。与项羽和约划分楚河汉界后，刘邦意欲进入关中休整军队，张良认为应不失时机地对项羽发动攻击。最后与韩信等在垓下全歼项羽楚军，打下汉室江山。

公元前201年，刘邦江山坐定，册封功臣。萧何安邦定国，功高盖世，列侯中所享封邑最多。其次是张良，封给张良齐地三万户，张良不受，推辞说："当初我在下邳起兵，同皇上在留县会合，这是上天有意把我交给您使用。皇上对我的计策能够采纳，我感到十分荣幸，我希望封留县就够了，不敢接受齐地三万户。"张良选择的留县，最多不过万户，而且还没有齐地富饶。

张良回到封地留县后，潜心读书，搜集整理了大量的军事著作，为当时的军事发展，作出了重要的贡献。

急流勇退是功德圆满的一种方式，知道这个道理的人不少，自觉做到这一点的人却不多。一个大人物要想使自己的英名永垂不朽，必须在自己事业的巅峰阶段勇于退下来。做事业需要意志，退下来同样需要意志。任何事都存在物极必反的道理，随着事业环境的变化，以及人自身能力的限制，自身作用的发挥必须随之而变。江山代有才人出，并不是官越大，表明能力越强；权越大，功绩越丰。不论大人物、小人物，作用发挥到一定程度就要知进退。退不表明失败，主动退正是人能自控、善于调整自己的明智之举。

第九章

过犹不及,凡事适可而止

世事的变化是符合规律的,即穷极必返,循环往复。人生变故也是如此,当你大富大贵时,要时不时地回头看看,当自己穷困时,要懂得努力进取,不及是大错,太过是大恶,恰到好处的便是不偏不倚的中庸之道。这正应了我国的一句俗语:"做人不要做绝,说话不要说尽。"凡事都能留有退路,方可避免走向极端。特别在权衡进退得失的时候,务必注意适可而止,尽量做到见好就收。

力能则进，否则退，量力而行

自不量力是做人的大敌。当一个人在一种境地中感到力不从心的时候，退一步反而为更进一步打下了基础。

人生就是一个"无限"。但是，我们也不能因为无限，就毫无顾忌，妄肆而为。有的时候，更应该有个"适可而止"的人生。强开的花难美，早熟的果难甜，天地的节气岁令，总有个时序轮换。悬崖要勒马，尸祝不代庖，举凡吾人的行事，也要有个分寸拿捏。"适可而止"的人生，实在可以作为座右铭的参考。

在生活悲欢离合、喜怒哀乐的起承转合过程中，人应随时随地、恰如其分地选择适合自己的位置。中国人说："贵在时中！"时就是随时，中就是中和，所谓时中，就是顺时而变，恰到好处。正如孟子所说的："可以仕则仕，可以止则止，可以久则久，可以速则速。"

讲究时中，就是要注意适可而止，见好就收。一个人是否成熟的标志之一是看他会不会退而求其次。退而求其次并不是懦弱畏难。当人生进程的某一方面遇到难以逾越的阻碍时，善于权变通达，心情愉快地选择一个更适合自己的目标去追求，这事实上也是一种进取，是一种更踏实可行的以退为进。

尤其在中国古代的政治生活中，不懂得适可而止，见好便收，无疑是临渊纵马。中国的君王，大多数可与同患，难与处安。所处在大名之下的臣子，往往难以久居。故老子早就有言在先："功成，名遂，身退。"范蠡乘舟浮海，得以终身安乐；文种不听劝告，饮剑自尽。此二人，足以令中国历代臣宦者为戒。不过，人的不幸往往就是"不识庐山真面目"。

因此，古人告诫说："受恩深处宜先退，得意浓时便可休。"即使是恩爱夫妻，天长日久的耳鬓厮磨，也会有爱老情衰的一天。北宋词人秦少游所谓"两情若是久长时，又岂在朝朝暮暮"，这不只是劳燕两地的分居夫妻之心理安慰，更应为终日厮守的男女情侣之醒世忠告。

佛下山讲说佛法，在一家店铺里看到一尊释迦牟尼像，青铜所铸，形体逼真，神态安然，佛大悦。若能带回寺里，开启其佛光，济世供奉，真乃一件幸事，可店铺老板要价5000元，分文不能少，加上见佛如此钟爱它，更加咬定原价不放。

佛回到寺里对众僧谈起此事，众僧很着急，问佛打算以多少钱买下它。佛说："500元足矣。"众僧唏嘘不止："那怎么可能？"佛说："天理犹存，当有办法，万丈红尘，芸芸众生，欲壑难填，得不偿失啊，我佛慈悲，普度众生，当让他仅仅赚到这500元！"

"怎样普度他呢？"众僧不解地问。

"让他忏悔。"佛笑答。众僧更不解了。佛说："只管按我的吩咐去做就行了。"

第一个弟子下山去店铺里和老板砍价，弟子咬定4500元，未果回山。

第二天，第二个弟子下山去和老板砍价，咬定4000元不放，亦未果回山。

就这样，直到最后一个弟子在第九天下山时所给的价已经低到了200元。眼见着一个个买主一天天下去、一个比一个价给得低，老板很是着急，每一天他都后悔不如以前一天的价格卖给前一个人了，他深深地怨责自己太贪。到第十天时，他在心里说，今天若再有人来，无论给多少钱我也要立即出手。

第十天，佛亲自下山，说要出500元买下它，老板高兴得不得了——竟然反弹到了500元！当即出手，高兴之余另赠佛龛台一具。佛得到了那尊铜像，谢绝了龛台，单掌作揖笑曰："欲望无边，凡事有度，一切适可而止啊！善哉，善哉……"

第九章 过犹不及，凡事适可而止

187

适可而止，见好便收，是历代智者的忠告，更是一门处世的艺术。

任何人不可能一生总是春风得意。人生最风光、最美妙的往往是最短暂的。俗言道："花无百日红，人无千日好。"就像搓牌一样，一个人不能总是得手，一副好牌之后往往就是坏牌的开始。所以，见好就收便是最大的赢家。世故如此，人情也是一样。与人相交，不论是同性知己还是异性朋友，都要有适可而止的心情。君子之交淡如水，既可避免势尽人疏、利尽人散的结局，同时友谊也只有在平淡中方能见出真情。越是形影不离的朋友越容易反目为仇。

世事如浮云，瞬息万变。不过，世事的变化并非无章可循，而是穷极则返，循环往复。

人生变故，犹如环流，事盛则衰，物极必反。生活既然如此，做人处事就应处处讲究恰当的分寸。过犹不及，不及是大错，太过是大恶，恰到好处的是不偏不倚的中和。基于这种认识，中国人在这方面表现出高超的处世艺术。中国人常说："做人不要做绝，说话不要说尽。"廉颇做人太绝，不得不肉袒负荆，登门向蔺相如谢罪。郑伯说话太尽，无奈何掘地及泉，隧而见母。

故俗言道："凡事留一线，日后好见面。"凡事都能留有余地，方可避免走向极端。特别是在权衡进退得失的时候，务必注意适可而止，尽量做到见好便收。

凡事不能太过，太过则招致祸患

《菜根谭》中曾描绘过这样一种境界：官爵不要太高，不要一定达到位极人臣，否则就容易陷入危险的境地；自己得意之事也不可过度，不能得意忘形，否则就会转为衰颓；言行不要过于高洁，不要盲目清高，否则就会招来诽谤或攻击。

这是现实生活中的一种处世良方。孔子曾说过："过犹不及。"采取均衡状态，不过分，不嚣张，却也没有很消极落后，这是一种智慧，即是儒家的"中庸"之说。《菜根谭》中有许多关于"中庸之道"的金玉良言，如："人生太闲，则别念穷生；太忙，则真性不现。故士君子不可不报身心之忧，亦不可不耽风月之趣。"

同样的道理，在我们精神愉悦的时候，也不能忘乎所以，适可而止才能达到成功。大凡美味佳肴吃多了就会产生强烈的排斥和恶心，只要吃一半就够了；令人愉快的事追求太过，或者享受的欢乐，自己却把握不住，就会成为败身丧德的平台，能够适度控制才能恰到好处。

那么，在现实中，就需要注意言行，做到分寸有度、举止得体。尤其在他人眼皮之下，切不可为讨好某些权势之人而过于溜须拍马。因为有时过分的媚态和殷勤往往会让旁边的人下不了台，由此，在你得到宠幸的同时，也会在别人的心里埋下仇恨的种子。当情形发生一定变化时，很可能就是你厄运降临的时候了。

汉朝时，汉文帝有一段时间，不幸染上了脓疱疮，全身多处流着脓血，周围的侍人多感到难以服侍。唯有善于拍马溜须的邓通最为乖巧，每天都用嘴在汉文帝的身上吸吮脓血，而且为了不污汉文的鼻目，邓通总是把脓血直接吸入肚中，使汉文帝感到十分舒畅。

有一天，汉文帝问邓通："天下谁最爱我？"

邓通即答："太子。"

因此，当太子入宫侍候汉文帝时，汉文帝就叫太子学邓通的样，吸吮自己身上的脓血。

太子感到十分恶心，却不得不硬着头皮去做，后来太子知道这是因邓通的言行所致，为此，太子就觉得邓通是十分可恨可憎的人。

后来，太子即位，就是汉景帝，他马上免去了邓通的官职，接着，又以别的罪名抄了邓通的全部家产，连一根别头发的簪子也没有给他留下。邓通衣食无着，又乞讨无门，终于活活地饿死了。

从上述案例来看，正是邓通的"殷勤"行事出了太子的洋相，逼得太子毫无退路。在无可奈何违心仿效邓通吸吮脓血的同时，对邓通的仇恨也深深地埋在了心里，以至于后来使其沦落惨境。实可谓"做事不宜令人厌"啊。为此，为人处世要考虑全面，心计长远。不要为了讨人欢心而做出让他人难堪生厌的事来。须知，有方无圆不行，有圆无方也不行，只有方圆并用，行事得当，不偏不过，才是拥有良好出路的根本。

得势不要太张狂

人常说"树大招风"，便是说人特征鲜明，太过惹眼，不是遭到别人的嫉妒，就会受到他人的怨恨。假若我们不能决定自己的地位，如果我们命中注定就是站在人前比较显眼的位置上，我们就得低调为人，不骄横跋扈，那样还能够赢得好的名声。倘若一再显示自己的了不起，自己的高人一等，最后必定会一败涂地。与人打交道，最忌讳的就是高高在上，不可一世，只有不张狂自傲才能受人尊敬，默默耕耘才能坐收利益。

老赵自从当上部门主任以后，就开始显山露水起来。由于他的成绩显著，很快就被一级级提拔到了公司经理的位置上。他在人力资源建设工作方面做得也很出色，公司内外口碑极佳。他作为肩负公司未来重任的角色，深深吸引住了大家的目光。可是出人意料的是，在被提升以后，他在管理工作当中却没有更显著的表现，不久被派去出任一家关联企业的董事，而且没干多久便退休了。

多年以后，人们才有机会听到了当时公司董事长对他所作的一番评价：

"老赵的的确确是个出类拔萃的人，有能力，又有魄力，但他却过于张扬了，甚至说是张狂。不仅伸手要这要那，还经常越权处理事务。这样的人当然不适合管理工作。

元载是唐代宗李豫时的宰相，原来是唐肃宗掌管财政的大臣，代宗李豫继位后沿用如故。李豫上台后，平定了安史之乱，此时鱼朝恩掌握着禁军，飞扬跋扈，不可一世。李豫如芒刺在背，深受威胁，害怕哪天鱼朝恩就将他废掉了。而元载为相，主持国政，自然也要受制于这位内相，视其脸色行事，也很担心不知哪天鱼朝恩会借个名目，将其关进北军的地牢里，性命不保。于是君臣合谋，除掉了鱼朝恩。

此后，元载专权不可控制。元载家本贫寒，得势之时，长安城几乎都装不下这个无限膨胀的大人物。抄他家时，起赃无数，其中以搜出来的八百石胡椒，最为骇人听闻。这种调味品，日常用量极少，一餐饭，数粒即足以吃得口麻舌辣，头汗耳热。他仗着自己除恶的功劳，谁也不放在眼中。他自夸有文武才略，古今莫及，舞弄权棒，奢侈无度。只要是求官的人，没有不贿赂他的，否则难以如愿。

元载还纵容其老婆、子弟，卖官鬻爵，聚财敛货，京师行政机构的重要官职和江淮方面的地方要职都安排了他的党羽。满朝文武，慑于他的淫威，都降服于他，俯首听命。代宗对于这前门驱虎后门进狼的局面，十分懊悔，但又害怕，寝食不安，又无计可施，只好任其为非作歹下去。

于是元载更是嚣张不已。他有一位来自宣州的昔日旧友，跑到长安来向他求官，元载随便写了封信，就打发旧友走了。半路上，这个旧友偷偷打开了那封信，想看看元载到底写了些什么。结果没有一个字，只是一个署名而已。老友失望之至，以为彻底没戏了。这时，已到达幽州，老友本着试试看的态度，向地方政府通报，说他持有一封元相的信。节度使一听部下汇报，连忙派员隆重接待，安排好吃好喝，宴饮数日，临走时，还给了他千匹赠绢。这个旧友只是亮了一下信封，地方官就如接圣旨，产生这么大的震动，由此可知元载的威权，是多么震慑人心。

元载热衷于大兴土木，修建房屋。他的屋宅，竟占了长安城里的大宁、安仁两里，规模之大，无法想像。他死后，这两座宅舍足够分配给数百户有品级的官员居住使用。另外，他在东都洛阳建造了一座园林式的私宅，没收充公之后，竟能改作成一座皇家花园，不难想像原来是何等的堂皇奢华。

李豫几乎被元载架空，成了一个孤家寡人。幸好左金吾大将军吴凑是他舅舅，否则他连一个可以说话商量的亲信都没有。大历十二年三月，代宗在延英殿命令左金吾大将军吴凑监禁元载、王缙，命令吏部尚书刘晏与御史大夫李涵审问。这次审讯，实际上是这位皇帝在幕后操纵，元载飞扬跋扈近十年，终于到了倒台的一天。

得势之时飞扬跋扈，不可一世，往往是毁灭的前兆。元载正是自恃有功，权倾朝野，他的行为令人发指，但是正是树大招风，他的下场也很可悲了。我们为人切不可如元载般骄横无礼，待人接物必定要亲和善良、恭谦有礼，才能受人尊重，别人才会帮助你，而不是进一步地落井下石，所谓"枪打出头鸟"就是这个意思。

今日的执著，会造成明日的后悔

有的人羡慕孙悟空的"七十二变"，不愿意每分钟都固定不动。"七十二变"确实很厉害，但是怎么也敌不过稳如泰山的如来佛；有的人追求飞蛾扑火的壮烈，以为那是一种执著的美。扑火的一瞬间，飞蛾毅然决然，但终究还是化为灰烬。其实生活中我们会遇到很多难题，只有既坚持执著又坚持变通才是最好的解决之道。

这样说似乎是有些矛盾。执著是指面对一个方向坚持走下去，而变通则是灵活应变，随时改变方向。这两个词似乎是反义词，但是，矛盾总是统一的，并可以在一定条件下相互转化。每当我们面临困难时，我们要选准一个方向，执著地去搜寻解决的方法。如果丝毫也不见效果，那么我们的方向可能错了，就要开动脑筋变通一下，重新确定个方向再坚持不懈，直到解决困难为止。所以说，在需要变通时一定要选择变通，否则我们永远也不能找到正确答案。

两个人进山洞寻宝，但是迷了路。后来干粮快吃完了，只剩下了一支手电筒。第一个人起了坏心眼，夺走了余下的干粮和那支手电筒，离开了第二个人。山洞中漆黑无比，第二个人因为没有了手电筒，每走一步，都有可能摔倒。但是也正因为没有手电筒，使第二个人的眼睛对光亮异常敏感，最后终于爬出了山洞。而第一个人吃光了干粮，拿着手电筒搜寻出口，怎么也找不到洞口，最后终于饿死在山洞里。

这虽然只是一个小故事，但是从中我们却可以看出许多道理。一般人在黑暗之中都需要光亮，但是第二个人却因为没有手电筒而走出山洞，这是变通的表现。但是，如果第二个人缺少了执著搜寻的信念和坚持不懈的努力，也是不能爬出山洞的。

现代社会是个瞬息万变的世界，你永远不知道下一秒钟会发生什么，所以我们就必须具有临危不惧的头脑和以静制动的思想，不能随波逐流，飘摇不定。不过，我们也必须具备随机应变的能力和灵活作战的方式，只有这样才能不被淘汰。

人的一生少不了一种叫做执著的精神，或者说是一种信念，但是现实生活和世界的纷繁复杂和多变让我们意识到：其实机智灵活的变通往往比执著更能获得"完美"。

适时的变通往往需要一种灵活而又迅速的转变，需要对规则束缚的

第九章 >>> 过犹不及，凡事适可而止

193

挣脱，否则我们若一味地钻入"执著"的套子，结果陷入其中不能自拔，则可被称为"钻特殊牛角尖的英雄人物"。所以，这就要求我们要真正地开拓思维，寻找多种渠道来解决问题，或许你会从中得到不用劳神费力、盲目执著蛮干的意外收获。

如果我们缺少了变通，一味地执著，或许我们也可称这种行为是蛮干，这种"执著"往往使人身陷困境并湮没于困境，对打开通道、谋求出路是不利的。

生命的长途中有平坦的大道也有崎岖的小路；有春光明媚万紫千红，也有寒风凛凛万木枯萎。在生命的寒冬里我们需要执著，然而当面前就是万丈深渊之时还固执前行就意味着死亡。此时退让一步，变通一下就犹为可贵。

变通能带来成功，转机能给人以新生。"变则通，通则久。""历史是不断运动变化发展的，我们要用发展的观点看问题，使思想和实际相符合。"这是马克思的辩证法揭示给我们的科学真理。

商鞅二次变法为秦统一奠定了基础；因唐太宗唐玄宗的变法改革，于是有了贞观之治，有了开元盛世；日本的明治维新使日本迅速发展。而清朝的闭关锁国、故步自封则使清朝严重落后于世界发展进程，造成中国沦为半殖民地半封建社会，造成了大量财产被帝国主义侵占，造成了中国人民的屈辱史和血泪史。

因此，人的一生不能缺少执著，更不能缺少变通；只有突破思维的束缚，我们才能正确地看待和评价事物的是与非，才能在理想的道路上坚实而又灵活平稳地前进。当我们真正地将"变通"和"执著"融合，真正获得思维的解放，或许我们会得到更多。

一个人需要变通来获得成功，一个企业需要变通来获得效益，一个民族需要变通来获得发展。变通就在你不经意的一瞬间，就是一指间的距离，变通会让你看到柳暗花明。

物极必反，盛极必衰

　　古人说，权势过高，物极必反，所以要忍权势，不要过分贪恋高官厚禄。权力在握，不是一成不变的，有权应该正确地行使。否则胡作非为，为所欲为，置他人利益于不顾地争权夺势的人是不会有好下场的。

　　自古以来官场之上相互倾轧，有因妒忌别人，进谗言害人的；还有贪图利禄，不能全身而退，以至于遭到杀身之祸的；有得到权力，就一朝权在手，便把令来行，谋一己私利的；有大权在握，不顾法规法度，乱施暴虐的，这些人都是不能忍耐的，因而也导致了他们自身的灭亡。

　　大凡权势这种东西，对君主有利，对臣子不利；对等级名分有利，对大臣夺权不利。只有蠢人才把权力揽在自己手中。

　　西汉的霍去病，是汉武帝时的骠骑将军，攻打匈奴有功劳，他的弟弟霍光做了大司马大将军，受汉武帝的遗托辅佐太子。遗诏上写："只有霍光忠实厚道，可以担当重任。"并让黄门画了周公辅佐周成王，接受诸侯朝见的图画赏赐给他。他辅佐汉昭帝当政14年。昭帝死，霍光迎接昌邑王刘贺入宫，当了皇帝。刘贺淫逸玩乐，没有节制，霍光废掉了他，又迎立汉武帝的曾孙病已，立为孝宣帝，政权都归霍光，并另有加封。等到霍光死了，孝宣帝才开始亲理朝政。霍光的夫人和他的儿子霍云、霍山、霍禹等谋划废掉太子，事情被发现，霍云、霍山自杀，霍禹被腰斩，霍光夫人和她的几个女儿、兄弟都被杀头示众，家族遭到株连，因此被杀的有几千家。司马迁说："霍光辅佐汉朝皇帝，可以说是很忠诚的，但是却不能保护他的家族，这是为什么？这是因为权威、福分是君主的东西，臣子掌握它，长期不退，很少有不遭到灾祸的。"

这就是不知道退让，不懂得韬光养晦的结局呀！

西汉萧望之和王仲翁都是由丙吉推荐的。被皇上召见时，正是霍光把持朝政，别的人都攀附他，只有萧望之不攀附霍光，于是不被重用。后来萧望之射策得了甲等，做了郎署小苑东门侯，王仲翁则当了光禄大夫、给事，进进出出，侍从大呼大叫，十分受宠，他回身对萧望之说："你为什么不肯附从众人而宁愿守门呢？"萧望之回答说："人都各自坚持自己的志向。"也就是人各有志的意思。不依附于权贵是忍受权势的表现。人应该坚守住自己的志向，不为一时的个人权欲所左右，才能真正地忍受权势的引诱，也就逃避了灾难。

权势到手，确实令人振奋，也实在可以令人风光一回，似乎更可以光宗耀祖。但是稍一不慎，大祸临头，权力旁落，后果也就自然连普通百姓也不如，反而给自己和家人带来了极大的灾祸。对于权势不可过贪，应该克制这种占有权利的欲望，不让它盲目膨胀。只有忍耐住，不去落入争权夺利的陷阱，才能走得顺畅，走得长远，使路子越走越稳，越走越宽。

名利地位竞争中的忍，就是要不贪权力，不仗势欺人，不妒忌他人的成功，不挑剔别人的不足，严以律己，宽以待人。成功了不自傲，失意了也不妄自菲薄。得宠不得意洋洋，受辱也不惊慌失措。只有这样才能经得住大风大浪的考验而战胜艰难困苦，立于不败之地。

"剪掉"不需要的花蕾

对大部分人来说，如果一入社会就善用自己的精力，不让它消耗在一些毫无意义的事情上，那么就有成功的希望。但是，很多人却喜欢东学一点、西学一点，尽管忙碌了一生却往往没有培养自己的专长，结果，到头来什么事情也没做成，更谈不上有什么强项。

明智的人懂得把全副的精力集中在一件事上，"剪掉"不适合自己干的事情，留下一个适合自己发展的空间。唯有如此方能实现目标；明智的人也善于依靠不屈不挠的意志、百折不回的决心以及持之以恒的忍耐力，努力在激烈的生存竞争中去获得胜利。

当玫瑰含苞欲放时，须剪掉它周围的花骨朵——这句话是大名鼎鼎的石油大王洛克菲勒的名言。道理很简单，一枝花方能独秀，富有经验的园丁们都深谙此道，他们知道，为了使树木能更快地茁壮成长，为了让以后的果实结得更饱满，就必须要忍痛将这些旁枝剪去。否则，若保留这些枝条，那么肯定会极大地影响将来的总收成。

那些有经验的花匠也习惯把许多快要绽开的花蕾剪去，尽管这些花蕾同样可以开出美丽的花朵，但花匠们知道，剪去大部分花蕾后，可以使所有的养分都集中在其余的少数花蕾上。等到这少数花蕾绽开时，就可以成为那种罕见、珍贵、硕大无比的奇葩。

做人就像培植花木一样，我们与其把所有的精力消耗在许多毫无意义的事情上，还不如退出杂乱的项目，看准一项适合自己的重要事业，集中所有的精力，埋头苦干，全力以赴，这样才能更有利于获得成功。

如果我们想成为一个众人叹服的领袖，成为一个才识过人、卓越优秀的人物，就一定要排除大脑中许多杂乱无绪的念头。如果我们想在一个重要的方面取得不凡的成就，那么就要大胆地举起剪刀，把所有微不足道的、平凡无奇的、毫无把握的愿望完全"剪去"，即便是那些看似已有实现可能的愿望，也要服从于自己的主要发展方向，必须忍痛"剪掉"。

世界上无数的失败者之所以没有成功，主要不是因为他们才干不够，而是因为他们不能集中精力、不能全力以赴地去做适当的工作，他们使自己的大好精力消耗在无数琐事之中，而他们自己竟然还从未觉悟到这一问题：如果他们把心中的那些杂念一一剪掉，使生命力中的所有养料都集中到一个方面，那么他们将来一定会惊讶——自己的事业竟然能够结出那么美丽丰硕的果实！拥有一种专门的技能要比有十种心思来得有价值，有专门技能的人随时随地都在这方面下苦功求进步，时时刻刻都在设法弥补自己此方面的缺陷和弱点，总是要想到把事情做得尽善尽美。而有十种心思的人却不一样，他可能会忙不过来，要顾及这一点又要顾及那一个，由于精力和心思分散，事事只能做到"尚可"，结果当然是不可能取得突出成绩。

现代社会的竞争日趋激烈，所以，我们必须退出杂乱的舞台，专心致志，以全力去实现自己明确的目标，这样才能做到得心应手，使成功之路宽广辽阔。

切忌借污辱小人表现清高

在这个社会里，有些人清高也许是难以改变的；但如同各人有各人的习惯一样，你没有必要也没有理由借对你看不上眼的人的污辱，来表现自己的"高蹈品质"，从理论上讲，这叫蛮不讲理；从现实来看，这是没事找事，惹火烧身。

李白是唐代著名大诗人，他才高八斗，文采斐然，但又孤傲清高、放荡不羁。他有诗句："安能摧眉折腰事权贵，使我不得开心颜。"又有"天子呼来不上船，自言臣是酒中仙"之句，由此可看出他的性格几乎是恃才傲物、目空一切。所以，虽然他满怀报国热忱，唐玄宗也看重他的才华，却终未能在仕途上走下去，更不用说施展身手，大有作为了。原因就在于他自恃清高、傲气太盛,使得皇帝身边的关键人物受了侮辱,以致受到暗算而丢官。

杨贵妃有羞花闭月之貌,沉鱼落雁之容,深得皇帝的宠爱。在一次宫廷酒宴中,李白曾于酒酣耳热之际,作《清平调》三首,歌颂杨玉环的美貌。

他在作这三首诗时要杨国忠亲自为他磨墨,还命皇帝宠信的太监高力士为他脱靴。太监的地位是卑贱的,但得宠的太监就不同了。高力士因此深以为耻,对李白怀恨在心。

李白的三首《清平调》写得很美:云想衣裳花想容,春风拂槛露毕浓。若非群玉山头见,会向瑶台月下逢。一枝红艳露凝香,云雨巫山枉断肠。借问汉宫谁得似,可怜飞燕倚新妆。名花倾国两相欢,常得君王带笑看。解释春风无限恨,沉香亭北倚阑干。

李白在诗中把杨玉环描写得花容月貌,像仙女一样。杨玉环十分喜欢,常常独自吟诵。李白在诗中提到了赵飞燕。这在李白,绝不存在丝毫讽刺的意思,他只是就赵飞燕的美丽与得宠同杨玉环相比较。然而比喻之物与被比喻之物不可能是全部特征的相合。这使怀恨在心的高力士看到了报复的契机。

一天,高力士又听到杨玉环在吟诵《清平调》,便以开玩笑的口吻问道:"我本来以为您会因为这几首诗把李白恨入骨髓,没想到您竟喜欢到如此地步。"杨贵妃听后吃了一惊,不解地问道:"难道李翰林侮辱了我吗?"高力士说:"难道你没注意?他把您比做赵飞燕。赵飞燕是什么样的女人,怎么能同娘娘您相提并论。他这是把您看得同赵飞燕一样淫贱啊!"

在当时,杨玉环已是"后宫佳丽三千人,三千宠爱在一身",她的哥哥、姐妹也都位居显要,声势显赫。她唯一担心的便是自己的地位是否稳固。她绝不希望被人看作像赵飞燕那样淫贱,更害怕落到她那样的

下场。高力士摸透了杨玉环的心思，因此也就在她最软弱处下了刀子。他轻而易举地便把李白的诗同赵飞燕的下场嫁接起来，一下子使赞美的诗篇成了讥嘲的证据，激起了杨玉环的反感与憎恨。后来，唐玄宗曾三次想提拔李白，但都被杨玉环阻止了。高力士靠此手段，达到了报复脱靴之辱的目的。一次小报告，葬送了诗人的前程。

在李白看来，像高力士这样的小人根本不配与自己为伍，正邪势不两立，正人君子自然嫉恶如仇。

正是在这一思想支配下，李白巧借醉酒之机在大庭广众之下侮辱了高力士，没给他留丝毫面子，这样做虽可泄一时之愤，但他却没想到由此而产生的严重后果。应该说，两人相斗，笑到最后的还是高力士。

李白后来虽然被唐玄宗"赐"金放还，全身而退，但毕竟被彻底赶出了他梦想施展抱负的政治舞台。从此他借酒浇愁，赋诗抒怀，落魄于江湖。因一时气傲而耽误自己看重的大好前程，无论如何是不值得的。李白留给我们的这一教训是深刻的，也是有用的。

诚然，他这种清高值得我们去钦佩景仰，但若在处世上这样率性而为，不讲一点策略，就会轻则前途遇阻，重则惹祸上身。

第十章

不能改变环境就改变自己

对个人来说,改变环境是困难的,改变自己是容易的,人应该像水一样能随着环境的改变而改变,能适时地退让或绕道而行,而不是以自己强壮的身体与环境抗争,老子说过,刚强易折,柔弱长存。一个过于强调自我的人,是不能适度地向环境妥协,不能适度、适时地改变自己的人,这样的人无法走出一个顺畅宽阔的路来。须知,改变是一种变通,是对自己的心态、思维和行为所作出的适应环境的有利调整。其目的是为了更好地达成愿望。

变则通，通则久

梁启超说："变则通，通则久。"知变与应变的能力是一个人的素质问题，同时也是现代社会办事能力高下的一个很重要的考察标准。

人的思维是跳跃的，不是一成不变的。因此办事时适时的变通是一种很明智的做法，放弃毫无意义的固执，这样才能更好地办成事情。虽然坚持是一种良好的品性是值得称赞的事情，但在有些事情上，过度的坚持，就会变成一种盲目，那将会导致最大的浪费。

两个贫苦的樵夫靠上山捡柴糊口，有一天在山里发现两大包棉花，两人喜出望外，棉花价格高过柴薪数倍，将这两包棉花卖掉，足以供家人一个月衣食。于是下两人各自背了一包棉花，便急忙赶路回家。

走着走着，其中一名樵夫眼尖，看到山路上扔着一大捆布，走近细看，竟是上等的细麻布，足足有十多匹之多。他欣喜之余，和同伴商量，一同放下背负的棉花，改背麻布回家。他的同伴却有不同的看法，认为自己背着棉花已走了一大段路，到了这里丢下棉花，岂不枉费自己先前的辛苦，坚持不愿换麻布。先前发现麻布的樵夫屡劝同伴不听，只得自己竭尽所能地背起麻布，继续前进。

又走了一段路后，背麻布的樵夫望见林中闪闪发光，待走近一看，地上竟然散落着数坛黄金，心想这下真的发财了，赶快邀同伴放下肩头的麻布及棉花，改用挑柴的扁担挑黄金。他同伴仍是那套不愿丢下棉花，以免枉费辛苦的论调；并且怀疑那些黄金不是真的，劝他不要白费力气，免得到头来一场空欢喜。

发现黄金的樵夫只好自己挑了两坛黄金，和背棉花的伙伴赶路回家。走到山下时，无缘无故下了一场大雨，两人在空旷处被淋了个湿透。更不幸的是，背棉花的樵夫背上的大包棉花，吸饱了雨水，重得已经完全背不动了，那樵夫不得已，只能丢下一路辛苦舍不得放弃的棉花。空着手和挑金的同伴回家去。

在很多时候，过分的执著是一种负担，我们要学会放弃固执，变通行事。一个机智的人可以灵活运用一切他所知的事物，还可巧妙地运用他并不了解的事物。能在恰当的时间内把应做的事情处理好，这不仅是机智的体现，更是人性艺术的表现。

有两个和尚决定从一座庙走到另一座庙。他们走了一段路之后。遇到了一条河，由于一阵暴雨，河上的桥被冲走了，但河水已退。他们知道可以涉水而过。这时，一位漂亮的妇人正好走到河边，她说有急事必须过河，但她怕被河水冲走。第一个和尚立刻背起妇人，涉水过河，把她安全送到对岸，第二个和尚接着顺利渡河。

两个和尚默不作声地走了好几里路。第二个和尚突然对第一个和尚说："我们和尚是绝对不能近女色的，刚才你为何犯戒背那妇人过河呢？"和尚淡淡地回答："普度众生，不分男女老少。"

成败论英雄，有许多满怀雄心壮志的人毅力都很坚强，但是由于不会进行新的尝试，因而无法成功。人要坚持自己的目标，不要犹豫不前，但也不能太生硬，不知变通。如果一种方法不能帮你解决问题的话，那就尝试另一种方式吧。

那些百折不挠，牢牢掌握住目标的人，都已经具备了成功的要素。如果把灵活的做事方法和你的毅力相结合，便更容易获得期望的结果。每当你做事遇阻的时候，告诉自己"总会有别的办法可以办到"。那么你的未来就会战无不胜，攻无不克。

当你认为困难无法解决，真的找不到出路的时候。一定要拒绝"无能为力"的想法。应先停下来，然后再重新开始。我们有的时候往往钻进牛角尖而不能自拔，因而看不出新的解决方法。成功办事的秘诀是随时检查自己的选择是否有偏差，合理地调整目标，放弃无谓的固执，轻松地走向成功。

换一个角度看问题

俗语说得好，"塞翁失马，焉知非福"。只要我们换一个角度看问题，那我们得到的结果就会大相径庭。

在现实生活中，当人们解决问题时，时常会遇到瓶颈而束缚了自己，这是由于人们只在同一角度停留所造成的，如果能换个角度考虑问题，情况就会改观，只要能转换视角，就会有新意产生。

有些经历失败的人，每逢挫折时总是武断地认为自己的能力有限，而不去积极开启就在眼前的另一扇窗子，看不到自己无限的可能性的机会其实就在眼前，结果却错失良机。因而，走向失败的人，其实是因为丧失了一个又一个的机会，所以才让人生道路艰难而凄苦。倘若能够换个立场考虑问题，情况就会改观，创意就会变得有弹性。记住，任何创意只要能转换视角，就会有新意产生。因此，当我们每当遇到一个问题无法解决时，就要换一个角度看问题，转入另外一条发展道路上，就一定能取得成功。

一个年轻的妈妈想对刚买的婴儿床做一下改造，使它能和自己的大床并在一起，这样就可以省去夜里的担心和麻烦。结果，在她在拆除小床的护栏时遇到了麻烦。她想按照床的设计，保留一个可以上下伸缩的护栏，而拆除那个固定的护栏，可是那个固定的护栏还起着对床的支撑作用，一拆掉，整个床就散了，这件事只好不了了之，直到有一天，站到床的另一面，这位妈妈才突然发现，由于小床和大床并在了一起，所以有没有移动护栏都是无所谓的，而这个护栏因为在设计时并不起支撑作用，拆了以后，小床依然牢固，这个问题就得以解决了。如果她不换一种方式，她可能总也看不到这一点，而使自己陷入烦恼。

换一个角度看问题，往往能够带来新鲜的感觉，带来另一种分析结果，甚至改变自己的思维和判断，让自己的工作、生活充满活力。有些复杂的事物，你换一个角度去观察，它会变得简单明了，有些看似复杂的事物，你变换了看它的位置，则能看到其蕴涵的丰富含义。所以，换一个角度看问题，往往能够带来思维和分析方式的"升华"。

王凯因病住院做手术，结果第一次手术失败，原因是主刀大夫居然是个实习生，第一次握刀，可能由于紧张或者技术不精而导致这个结果。大家都到医院看望，对医院的行径感到愤愤不平，有出主意状告医院的，有要求转院的，也有要求赔偿的。王凯心情沉重，躺在病床上一言不发，眉头紧皱。他的一个朋友对他说：没关系，就在这里做第二次手术，第一次手术失败了，医院肯定要高度重视，派一名业务骨干给你主刀，而且对你肯定会特别精心护理，手术肯定能圆满成功。王凯听了，眼睛一亮，微微点头，同意了朋友的建议。果然，医院在第二次手术时请来了省里著名的专家来亲自主刀，结果非常成功。

我们看问题的时候往往只善于从习惯的角度出发，而不善于转换位置，因为我们脑子里充满了定向思维。就像在脑筋急转弯里问 1+1 在什么情况下不等于 2？很多人都会说 1+1 在什么情况下都得等于 2。正确答案是，在算错的情况下 1+1 不等于 2。其实，这几句简单的急转弯，揭示了非常深刻的道理。如果按照一般的角度看问题，1+1 铁定了等于 2，但如果跳出了这个思维定式，答案就会出现另一种情形。当一个人的思路受到牵绊时，往往不能十分清楚地找寻到一切问题的根源——逻辑。要想找到逻辑，就要跳出习惯上的桎梏，避开思路上的习惯,换一个角度来思考问题。当你思考问题时,不妨也可以"避开大路,潜入小径",也就是说,躲开那些热门的问题,而把眼光转向那些不被人们重视的角落。一条发展道路被封死了,不必绝望。如果能够在新的发展道路上全力以赴,那么,取得巨大的成功,也并非异想天开。

因此,不要简单地认为挫折、疾病这些人生中遭遇的各种危机都是令人讨厌的,应该换一个角度来思考这一问题。你一定要相信,人生中每一次经历都具有某种深刻的含义,所以,即使看上去是"负"面的事情,也应该往"积极"的发展方向去设想。

换一种思路对待财富

财富并不是追求的最终目标,智者会把财富当成是追求快乐的渠道之一,愚者则最终成为财富的奴隶。

古希腊的亚里士多德曾经说过:"很明显财富并不是我们所追求的,因为财富是因为其他追求而变得有价值。"财富在当今社会处于主导地位,不管是个人生活的改善,自我价值的体现,还是社会效益的达成,都是以财富的增长作为衡量标准。财富不仅创造着人们的物质生活,也悄然改变着人们的精神世界观。

拥有更多的财富,是今日许许多多人的奋斗目标。财富的多寡,也成为衡量一个人才干和价值的尺度。当一个人被列入世界财富榜时,会引起多少人的艳羡。但对于个人来说,过多的财富是没有多少用的,除非你是为了社会在创造财富,并把多余的财富贡献给了社会。但丁说:"拥有便是损失。"财富的拥有超过了个人所需的限度,那么拥有越多,损失就越多。让我们看一看米勒德·富勒的故事。就会明白财富越多,并不代表的道的越多。

同许多人一样，富勒一直在为一个梦想奋斗，那就是从零开始，而后积累大量的财富和资产。到30岁时，富勒已挣到了百万美元，他雄心勃勃，想成为千万富翁，而且他也有这个本事。他拥有一幢豪宅，一间湖上小木屋，2000英亩地产，以及快艇和豪华汽车。

但当他拥有这一切的时候，问题也来了：他工作得很辛苦，常感到胸痛，而且他也疏远了妻子和两个孩子。他的财富在不断增加，他的婚姻和家庭却岌岌可危。

一天在办公室，富勒心脏病突发，而他的妻子在这之前刚刚宣布打算离开他。他开始意识到自己对财富的追求已经耗费了所有他真正珍惜的东西。他打电话给妻子，要求见一面。当他们见面时，两人都泪流满面。他们决定消除掉破坏他们生活的东西——他的生意和物质财富。

他们卖掉了所有的东西，包括公司、房子、游艇，然后把所得捐给了教堂、学校和慈善机构。他的朋友都认为他疯了，但富勒从没感到比此时更清醒过。

接下来，他们夫妻二人开始投身于一项伟大的事业——为美国和世界其他地方的无家可归的贫民修建"人类家园"。他们的想法非常单纯："每个在晚上困乏的人，至少应该有一个简单体面，并且能支付得起的地方用来休息。"美国前总统卡特夫妇也热情地支持他们，穿工装裤来为"人类家园"劳动。富勒曾有的目标是拥有1000万美元家产，而现在，他的目标是为1000万人，甚至为更多人建设家园。目前，"人类家园"已在全世界建造了六万多套房子，为超过三十万人提供了住房。富勒曾为财富所困，几乎成为财富的奴隶，差点儿被财富夺走他的妻子和健康。而现在，他是财富的主人，他和妻子自愿放弃了自己的财产，而去为人类的幸福工作。他自认是世界上最富有的人。

当然，这个例子并不是说拥有财富就不快乐，散尽财富才快乐。而是说我们对待财富的态度应该是"不要追求显赫的财富，而应追求你可以合法获得的财富,清醒地使用财富,愉快地施与财富,心怀满足地离开财富。"这就是培根的建议,这是大师指给我们的对待财富的建议,其中不乏许多的道理。智者会巧妙的利用财富获得快乐,愚者最终也未必真的得到财富。

现在不少人急于发大财,结果不是被骗就是去搞歪门邪道,甚至不惜铤而走险,以身试法,比如制假贩假、盗版走私、做毒品生意,甚至杀人越货。他们完全成了金钱的奴隶,财富对于他们如同绞索,他们越是贪求,绞索就勒得越紧。一个贪官说,他每当听到街上警车鸣笛,就生怕是来抓他的,惶惶不可终日。这样的不义之财再多,又有什么"乐趣"呢?

当然,我们并不是一概排斥财富,并不是说追求财富就是错的。我们厌恶和蔑视的是对个人财富的过分贪求,是以不正当手段聚敛财富。我们所追求的,并不是贪婪的掠夺品,而是一种行善的工具。而是在追求财富过程中得到的快乐和满足。这就是我们对待财富的应该持有的态度。如果我们不惜使用各种手段而获得财富,那也最终会成为守护财富的奴隶,永远都不会满足,永远都不会获得快乐。

当你认为拥有许多的财富时,其实财富本身就只剩下一个数字。换一种思路对待财富,这就是与其守着这个数字,还不如让这个数字发挥更大的作用。也就是让财富创造更大的价值,为人类做出更大的贡献,你会从中获得更多的快乐。

像水一样生活

人生的最佳境界就像水一样,水具有滋润万物的不变本性,它与万物没有任何利害冲突,能随着环境的变化而变化,能在障碍面前退却绕道而行。水总是处下而居，存心幽深而明澈，与什么事物总能和谐相亲，言行表里如一，行动上能随环境的变化而随机行事。正因为水总是利导万物而不与之争，所以，它很少会因为个人的欲求与目的没有达成而感到忧虑。

水的这种特性是具有深刻哲理的，以至于在中国古文化里它代表了无穷尽的智慧，孔子就曾说过："仁者乐山，智者乐水。"

一个有智慧的人，做人处事的方式必然与水的特性有着异曲同工之妙。水遇阻便绕行，见坝便积蓄；汇聚一处可滔天巨浪，分流滴水又可穿石；在低处可成湖，在高处可成瀑；在深处可藏蛟龙，在浅处可育鱼虾；蒸腾可以为云气，沉土可以润万物。无可无不可，绝对不去较劲，永远顺应环境，永远又不失本性，谦逊包容，通变处下，不争而胜。用这样的态度对待生活，没有什么沟沟坎坎是能难得住我们的。

在唐睿宗时，睿宗的嫡长子李宪受封宋王，十分受宠。

唐睿宗的另一个儿子李隆基聪明有为，他杀死了篡权乱政的韦皇后，为睿宗登上皇位立下了大功。按照礼制，立太子通常是要立嫡长子的，有的大臣便对睿宗说："嫡长子李宪仁德忠厚，没有任何劣迹，立他为太子既合礼法，又合民心，望皇上早日定夺。"

对于一个国家来说，早日立下储君才能让人心安稳，免得谁都惦记着下一任皇帝是谁，大臣们不知道该讨好哪个皇子，皇子们又各显手段争储君之位。所以这个大臣的建议可以说是很顺从礼制的，但同时也就是太顺从礼制了。立李宪是没什么不好，可是相比李宪来说，李隆基有大功，而且怀有雄才大略，更是治理天下的好人选。所以这让唐睿宗陷入了两难境地，立太子的事也一拖再拖，没有个定论。

他在考虑权衡的时候，下面的人也同样在伺机而动。

李宪看出了唐睿宗的心思，就对心腹说："父皇不肯立太子，这说明他对我还有疑虑啊。李隆基虽然不是嫡长子，可是他功劳很大，没有

他我们李家的天下可能还在被韦家把持,所以父皇看来是想立他啊。"

李宪的心腹说:"于情于理,太子之位都是你的,这事绝不能相让。我马上和百官联络,共同上书,向皇上说明利害,一定促成这件大事。"他当然想促成这件事,立了李宪当太子,日后当了皇上,那他作为心腹就可以飞黄腾达了。

当李宪的心腹和百官起草奏书的时候,李宪匆忙赶来,对他们说:"我考虑了多时,还是决定放弃太子之位,你们就不要为我费心了。"

众人十分惊诧,在皇家见多了为太子之位争得头破血流不顾骨肉亲情的,却很少见到有机会当太子自己却放弃的,他们说:"太子之位事关你的前程性命,怎能轻易放弃呢?自古这个位置你争我夺,本是常事,有我们替你说话,你还怕什么呢?"

李宪说:"大丈夫做事有所为,有所不为,我是十分慎重的。赞平王李隆基是我的弟弟,他有大功于国,父皇有心立他为太子也是情理之中的事。我若据理力争,不肯退出,我们兄弟之间就会有大的冲突,朝廷也不会平安。如果危及了国家,我岂不是罪人吗?这种事我绝不会干。"

他的想法是多么合乎他目前所处的环境啊,毫无疑问,李宪是可以争夺一下太子之位的人,而且不见得一定会输给李隆基,因为他是嫡长子,所以朝中那些遵循礼制的人一定会支持他,而且他平时德行就不错,很有人缘。可是就像他所说的,如果他想争太子之位,那么和李隆基之间的兄弟之情就会荡然无存了,手足将变成竞争对手,用不着看得太远,就看看唐太宗李世民为了当上皇帝不得不发动玄武门之变,手足相残,就可以知道这是多么残酷的一件事了。而且这不只是他们兄弟两个的争斗,还会牵连到那些各自支持他们的官员,如果百官都被卷入这件事中,那朝廷必然动荡不安,朝廷都动荡了,谁又去治理国家呢?

所以,李宪先是制止了想为他上书的官员,然后又亲自上书推荐李隆基为太子。他说:"赞平王文武双全,英勇睿智,他当太子有利于国家，我是衷心拥护他的。我个人的得失微不足道，请父皇不要为我担心，早下决断。"

唐睿宗很受感动，他对李宪说："你深明大义，我就放心了。你有什么要求，我一定都会满足你。"

李宪说："一个人只要顺其自然，就没有什么事可以妨碍他了。我不会强求什么。"是啊，他连太子之位都可以看轻看淡，那还有什么能放不下呢？所以，他一无所求。

李隆基当上太子后，就去拜访李宪，他说："大哥主动让出尊位，不是大贤大德的人难以做到，大哥是如何设想的呢？"

李宪说："你担当大任，大唐才会兴盛，我不能为了私利而坏了国家大事。望你日后勤政爱民，做个好皇帝，为兄就深感安慰了。"李隆基连声称谢，又说要和李宪共享天下，但是李宪很明智，没有让他说下去，而是告诫说："很多事是追求不来的，只有顺天应命，才不会多受损伤。将来治国不要逞强任性，这样效果会更好。"

李宪的行为正应合了老子所说的"水善利万物而不争"，他能看清时势，认清方向，知道什么事该做什么事不该做，不去为了权力欲望而危及国家。他能"处众人之所恶"，也就是放弃太子之位——而在其他人看来，几乎是所有人都认为他没有理由要放弃那样尊贵的位置。而这也正是李宪的高尚明智之处。

人在矮檐下，把头低一低

在职场中摸爬滚打的人都对低头有深刻的体会，当你无权或没有能力改变现状的时候，低头会让你所面对的强大上司或对手不再以你为靶子，至少你们之间可以相安无事。而你在低头之时也找到了上升的窍门，那就是先服软，再借力往上爬。

清末黎元洪在湖北时期，一直位在张彪之下。张彪是张之洞的心腹，娶了一个张之洞心爱的婢女。张彪嫉贤妒能，对黎元洪十分反感，加之当时报纸大肆赞扬黎元洪而贬低张彪，张彪不满，常在张之洞面前进谗言诋毁黎元洪。

张彪在进谗言的同时，还以上级的职位之便百般羞辱黎元洪，想让黎元洪不能忍受耻辱而离开军队。张彪的手法非常恶劣，曾经在军中让黎元洪罚跪，并当着士卒的面，将黎元洪的帽子扔在地上。黎元洪忍受着百般屈辱，不动声色，脸上毫无怒容，张彪也对他无可奈何。

黎元洪绝不是一个甘心居于人下的人。他貌似忠厚而实有权术，他明知张彪欺侮自己，却不与争锋，而是收敛锋芒，小心应对，以防有人借机找自己的麻烦。

张之洞任命张彪为镇统制官，但军事编制和部署训练却要黎元洪协助张彪。张彪不懂军事，黎元洪呕心沥血训练了一支精兵。成军之日，张之洞前往检查，见军队进退自如，就当面称赞黎元洪。黎元洪却称谢说："这都是张统制交代的，我只不过是听他的命令行事而已，哪里有什么功劳呢？"

张彪听了黎元洪这话，心中十分感激，从此二人关系逐渐融洽。1907年9月，张之洞任军机大臣，东三省将军赵尔巽补授湖广总督。赵尔巽看不起张彪，要以黎元洪取代张彪，一般人都会以为这是个代替张彪的好机会，不料，黎元洪坚辞不同意。

同时，黎元洪又面见张彪，告之此事，建议他致电张之洞，让张之洞为其设法渡过难关。张彪一听，心中大惊，立即让其夫人进京运动，张之洞来函，才保全了他的职位。经过这件事，张彪对黎元洪十分感激，连老奸巨猾的张之洞也认为黎元洪是个值得依赖的人。

张之洞极看重黎元洪的"笃厚",曾经发出慨叹说:"黎元洪这个人恭敬慎重,可以托付大事啊!"

实际上,黎元洪考虑得比较远,虽然张之洞已离开了湖北,但在北京当军机大臣,仍可影响到湖广总督的态度。如果黎元洪在张之洞离鄂之后,就代替张彪的位子,则不但有忘恩负义的嫌疑,甚至会影响自己的前途。

黎元洪通过帮助张彪,使张彪改变了对自己的态度,这样,等于在湖北又有一个助手,有利于增强自己的实力,在关键时刻能够帮自己的忙。

1908年3月,陈美龙继赵尔龚为湖广总督,他贪赃枉法,声名狼藉。1911年10月上旬,瑞平出任湖广总督,他对黎元洪极不信任,但凭着与张彪的关系,并未影响到黎元洪的官职。如果黎元洪此时与张彪关系恶化,他的官职必被拿掉。黎元洪上次的战术终于见了成效。黎元洪表面温驯,忍耐上司的刻薄与无能,不与上司争功夺利,不表现出任何政治野心,但在这种厚道之下是深深的权术之心。他是凭借"忠厚"而爬上高位,稳居高位的高人。

人在矮檐下,把头低一低,是一种圆融的处世哲学,是一种深明的养晦之策。它能使你消除嫉妒与敌视,也能使你在复杂的环境中保全自己,立稳脚步,更好地谋求发展。

改变自己,适应环境

当环境与你不相适应时,你可以有两种选择,改变自己或改变环境,改变自己就意味着向环境退让、妥协,改变环境就意味着与环境抗争，让周围环境变得更适合自己。一般来说，改变自己是容易的，改变环境是困难的，想改变环境往往会让自己碰得头破血流，而环境不会有丝毫改变，因为个人与大环境相较，力量悬殊实在是太大了，而改变自己就是适当地选择向环境退让、妥协，从退让与妥协中让自己更快地融入环境，从而更好地打开出路。

在现实生活中，毕竟大多数人都是凡人，都并不具备特殊的才能或智慧，既没有敢教日月换新天的魄力，也没有利用环境的能耐。为此，对于凡人来说，我们更多应该是适应环境，使自己与环境水乳交融，真正融入环境之中。

并且，改变自己来适应环境远比使环境来适应自己容易得多。通过下面的故事你或许会有所感悟。

据说在古时候，鞋子还没有发明以前，人们都赤着脚走路，不得不忍受着被扎的痛苦。某个国家，有一个宫廷的仆人为了取悦国王，把国王所有的房间都铺上牛皮，国王踏在上面感觉双脚很是舒服。为了让自己无论走到哪里都感觉到舒服，国王下令，把全国各地的路都铺上牛皮，众大臣听了国王的话后都一筹莫展。正在大臣们绞尽脑汁想着劝说国王改变主意时，一个聪明的大臣建议说："大王可以试着用牛皮将脚裹起来，再系上一条绳子捆紧，大王的脚就可以免受痛苦。"于是，鞋子就这样发明了出来。

把全国所有的道路都铺上牛皮，这个办法固然可以使国王的脚舒服，但毕竟是一个劳民伤财且不可能办到的笨办法，那个大臣是聪明的，改变国王的脚，这比用牛皮把全国的道路都铺上要容易得多。按照这一办法，只要一小块牛皮，就可以产生与用牛皮把整个世界都铺上一样的效果。

看完这则故事后，你或许会有所感悟，宇宙是浩瀚的，既然一个伟大的国王都无法使自己的国家"铺上牛皮"，给自己塑造一个舒适的行路环境，何况我们这些平凡的人呢？同时，我们也应该明白为了免受"扎"的痛苦，我们应该让自己改变些什么，去适应目前的环境，而不应该成天坐在那里无所事事地抱怨着。

人必须学会适应环境，不论是自然环境还是人文环境。生活在干旱少雨地区，就得学会尽量节约用水，忍受风沙的肆虐；生活在高原，就得适应高原缺氧的反应，处处放慢行动的节奏；生活在荒郊山野，就得忍受荒凉、寂寞和很不方便的生活条件；生活在闹市，就得习惯噪声、污染、堵车、拥挤，在人山人海里去寻找自己的空间，在水泥森林里去开发自己的人生。

适应就意味着对自己的改变，因为同一个环境里生活着许许多多的人，而我们每一个人的性格、志趣、学识、能力却不尽相同，对环境的要求是千差万别的；因为社会环境的变化发展是不以我们的主观意志为转移的，常常超出我们习惯的生活轨道。世界不在我们的掌握之中，但命运却掌握在我们自己手中。我们常常必须不得不改变自己，让自己融于环境之中，与自己生存的环境和谐共存。

其实，我们每一个人都有缺点和不足，这是客观存在的事实。有些缺点与不足如果无伤大雅，与环境不会形成尖锐的冲突，是可以忽略的；但有些缺点与不足由于与环境形成了尖锐的矛盾，将会严重影响我们的生存和发展，改变我们的人生轨迹，那就要下决心予以克服。我们许多人也许想着改变自己，也试着去改变过，但往往不是自己坚持不了，或者就是改变了但没有收到明显的效果而丧失了信心，选择了放弃。缺点依然是缺点，不足依然是不足，而且与环境的矛盾更加尖锐了，一些本该即将到手的成功却永远离我们远去。

那些既无法改变环境、利用环境，也无法适应环境的人，就只好沦为庸人了。这些庸人中除了想改变但无法改变自己而随波逐流的以外，还有一些根本就不想改变自己的人。这些人往往沉醉于自己优势的优越感里，自认为通晓一切，看透一切，无所不知，无所不能。他们往往有屈原的清高，却没有屈原的决绝；有陶渊明的愤世嫉俗，却没有陶渊明的入乡随俗；有鲁迅的狷介激进，却无鲁迅的通变达观。所以在同样的环境里，别人能趋利避害，活得游刃有余，他却处处坎坷，到处碰壁，终日牢骚满腹、怨天尤人。

必须承认，我们大多数人都处在非常尴尬的生存环境中，一方面渴求成功，如此则不得不使自己融入社会，适应环境；另一方面又想尽力摆脱世俗的挤压，争取更大的个性空间。在两难的选择中，大多数人是应该有所改变的，否则很难生存和发展。这种改变是进退自如、动静由心的自信与实力的体现。

要有谦虚的品德

懂得退守的人，一定是一个谦虚的人，海纳百川，有容乃大。把自己看得很低，以低姿态面对一切的人，就像大海一样能够谦逊地接纳百川的汇聚，不盈不虚。泰戈尔说："当我们大为谦虚的时候，正是我们接近伟大的时候。"苏格拉底也说："谦逊是藏于土中甜美的根，所有崇高的美德由此发芽滋长。"

懂得谦逊就是懂得人生无止境，事业无止境，知识无止境，道亦无止境。泰山不拒细壤，故能成其高；江海不择细流，故能就其深。有谦乃有容，有容方成其广。

晋襄公有个孙子，叫惠伯谈，惠伯谈有个儿子叫晋周。

晋周生不逢时，遇晋献公宠信骊姬，晋国公子多遭残害。晋周虽然没有争立太子的条件，更无继位的希望，也同样不能幸免。

为了保全性命，晋周来到周朝，跟着单襄公学习。

晋是当时的大国，晋周以晋公子身份来到周朝，但晋周自小受父亲的教育，养成良好的品性，他的行为举止完全不像一个贵公子。以往晋国的公子在周朝，名声都不太好，但晋周却受到对人要求严厉的单襄公的称誉。

单襄公是周朝有名的大臣，学问渊博，待人宽厚而又严厉，是周天子和各国诸侯王公都很尊敬的人。晋周很高兴能跟着他学习。

单襄公出外与天子王公相会，晋周总是随从在后，有时候单襄公与王公大臣们议论朝政，他就规规矩矩地站在老师身后几个时辰，一点不高兴不耐烦的神色都没有。王公大臣们都夸奖晋周是个少见的恭谦君子。

晋周在单襄公空闲时，经常向他请教。交谈中，晋周所讲的都是仁义忠信智勇的内容，而且讲得很有分寸，处处表现出谦逊的精神。

人虽然在周朝，晋周仍然十分关心晋国的情况，一听到有不好的消息，他就为晋国担心流泪；一听到好的消息，他就为之欢欣鼓舞。一些人不理解，对晋周说："晋国都容不下你了，你为什么这样关心晋国呢？"晋周回答："晋国是我的祖国，虽然有人容不下我，但不是祖国对不起我。我是晋国的公子，晋国就像是我的母亲，我怎么能不关心呢？"

在周朝数年，晋周言谈举止的每一个细节，都谦逊有礼，从未有不合礼数的举动发生。周朝的大臣们都很夸奖他。

单襄公临终时，对他的儿子说："要好好对待晋周，晋周举止谦逊有礼，以后一定会做晋国国君的。"

果然，晋国国君死后，大家都想到远在周朝的晋周，就请他回来做了国君，成为历史上的晋悼公。

晋周本是一个没有条件去争夺国君之位的公子，却以谦逊的美德征

217

服了国内外几乎所有有权势的人，最终被推上了王位。可见谦逊的力量有多么巨大。老子说"夫唯不争，故天下莫能与之争"，的确不是虚言。

现在许多人都对谦逊这项美德怀有不以为然的态度，认为在现在谦逊已经不适用了，人们要想崭露头角，就得敢于张扬。但事实上，谦逊才是人性中的精髓，唯有谦逊才能吸纳更多的知识和力量，才能被别人所尊重。

《列子》中有这样一则《两小儿问日》的故事：有一次，孔子在路上遇到两个小孩正争论不休，孔子问他们争论什么？一个小孩说："我认为太阳刚出来时离人比较近，而到了中午，太阳就离我们远了。"另一个小孩却认为太阳刚出来时离人远，而中午离人近。

第一个小孩的理由是太阳刚出来时大，而到了中午时小，因此他由远者小、近者大得出自己的结论。另一个小孩则认为太阳刚出来时凉，中午时热，就由远者凉、近者热得出自己的结论。

当他们请教孔子判定是非时，孔子并没有不懂装懂地随便评论，而是谦逊地承认自己不能做出判断谁是谁非。可见，学问无止境，即使是圣人也有许多不懂的地方，何况我们普通人呢，因此，任何人都不应该有骄傲自满的理由。

任何人都有知识的盲区，会有不如别人的地方。如果能够虚心求教，就能以他人之长，补自己之短，不断地提升自己的素质。

范仲淹是宋朝著名的政治家和文学家，他在写作中十分严谨和谦虚。有一次，他写了一篇文章，其中有四句是："云山苍苍，江水泱泱，先生之德，山高水长。"

写成后，他请李泰伯看。李泰伯读后，一再称赞文章写得好，并建议范仲淹改动一个字，把"德"改为"风"。

范仲淹思考了一番，欣然同意。这一字确实改得很好，因为"风"

字表达的范围更宽,而且能与前面的"云山"和"江水"相呼应。范仲淹对这一改动非常满意,后来把李泰伯称为自己的老师。

从这个小故事可见,范仲淹之所以能成为历史上的名人贤者,除了其学识本领外,与他谦虚处事的品德是分不开的。

历史和现实中,有许多立过一点功劳的人往往喜欢自我夸耀,结果弄得上司产生逆反心理,使得本该受重用的也得不到重用,以至于失去更好的发展机会。而有些智者立下了功劳却非常谦虚,从不自我夸耀,最终却受到了别人的尊重和景仰。

可以说,懂得了谦逊,才会懂得退让,才会懂得居下,这对人生能否开拓一片光明的前景是有十分重要意义的。

善处下者才能丰盈

俗话说:"人往高处走,水往低处流。"人们往往认为作为人来讲,站得越高越好,所以有"节节高"的祝愿,至于处低处下,那是水的事情。如果有哪一个人说"我愿意像水一样'善下之'",那只怕会被别人当成是没出息、没理想的懦夫。

但事实上,只有真正能够效法江海,善于处下的人,才能够真正丰盈起来,汇聚力量,成为百谷王。

晋文公是春秋时期的一位霸主,未即位时曾因争权而逃亡在外,历尽艰难险阻,吃尽苦头,几乎连命都丢掉,流亡了19年,最后才复国。

在晋文公成为春秋霸主之时,翟(在今山东)这个地方有人进献给他一件很大的狐狸皮和豹皮,都是普通百姓穿不起的名贵之物。晋文公收到后,就十分感慨,长叹说:"狐狸和豹子活得好好的,也没犯什么过错，就这样被人给杀了，只是因为它的皮毛长得太漂亮，所以引来灾祸。真是可怜可叹啊。"

晋文公身边有一个叫架枝的大夫，曾经跟随他流亡多年，听到晋文公的感慨，就说道："一个国家拥有广大的土地，可是分配得不够平均；君主的内府里财帛那么多，可是并没有分配给百姓，所以百姓仍然没饭吃。这岂不是和被杀死的狐狸、豹子一样的可怕吗？"他的意思是说，我们国家的土地很多，你私人的财富也很多，这就像狐狸和豹子的皮毛一样，华美而惹人惦记，说不定哪天就要因此招来灾祸啊。

晋文公是个聪明人，他听了架枝的话以后，就说："你说得很有道理，请把话都讲出来，不要含含糊糊有所顾忌了。"

架枝就接着说："地广而不平，就会引来百姓的怨恨，将来他们会为了争夺土地而起来替你分配的；你宫廷中财产那么多，只是聚敛在一起供自己享乐，而不是给社会谋福利，将来没饭吃没钱用的百姓就会来将你宫中的宝贝都拿走了。"也就是说，只有君主富有，而百姓穷困，那么当百姓生活过于困苦的时候，人们就会起来造反了，水能载舟亦能覆舟，到时候君主就会被百姓给推翻，什么都将要失去了。

晋文公说："你说得很对。"于是马上实施政治改革，"列地以分民，散财以赈贫"。

这也就是"以其善下之，故能为百谷王"的道理。

能处下，也就能吸纳，能汇聚，能丰盈。

关于晋文公还有一个故事，有一个叫咎犯的人，和架枝一样是跟随晋文公流亡过的亲信，有一天晋文公和他讨论施政上的事情。

咎犯说："分熟不如分腥，分腥不如分地，地割以分民而益其爵禄，是以上得地而民知富，上失地而民知贫。"

意思就是说：比如我们要分配一块肉，煮熟了来分，不如生着的时候分给人家好。因为生着的时候分，别人拿到了可以炒着吃，可以炖着吃，这都很方便。如果一定要煮熟了再分，那人家就只能吃煮熟的，不能按自己的口味来吃了。这就是有着强迫别人顺从自己意志的倾向了。而且，分肉给人又不如分地给人自己去耕种好，想吃什么就种什么。不但分配给他土地，使之生活安适，而且给他适当的职务，使他有事情可做。这样一来，虽然表面上是把自己的财产都分给百姓了，好像自己什么都没有了。但其实百姓富了，也就是王室国家的富有。因为国家的土地和财富都分给百姓了，那么万一有人想侵略我们，百姓不用号召自己就会起来作战，保卫自己的财产，这是因为百姓的命运和国家是联系在一起的。历史上有很多朝代的灭亡，其实就是因为君主和贵族们将土地和财富牢牢抓在自己手里，舍不得分给百姓，结果百姓在贫困的生活里生存不下去了，就会起来反抗，争取自己的利益。或者有外来的侵入者，而百姓反正什么也没有，也就没有保护自己财产利益的想法，又怎么会牺牲自己的性命去帮贵族们守卫他们的土地呢？所以就出现那种兵败如山倒，让入侵者长驱直入的现象了。

这种治国的道理，放到我们今天来说也是一样的，把范围缩小，小到一个企业、一个公司。有的公司给员工配股，让员工都成为公司的股东，那么员工自然而然会加倍地努力工作，处处为公司的利益而打算。为什么呢？因为这时候公司不只是老板一个人的财产，它还是每个员工的财产，所以大家当然要想办法让自己赚更多的钱啊。

表面上把自己的东西都分给别人了，但其实利益是更加巩固而且增加了。

只有适应困境才能利用困境

如果困境不能摆脱，那么，学会适应它就显得相当重要了。困境对于人生就像是长有倒刺的麦芒进了嘴里，你越想吐出来，它就越往你喉咙里钻。而当你往下咽时，它反而很合作地不再使你担忧了。

在日本，一个世代采珠家庭的女儿要赴美留学，临行前，她勤劳淳朴的母亲送给她一颗晶莹的珍珠，并给她讲了一番意味深长的话："当我们把沙子放进蚌的壳时，蚌觉得非常不舒服，但是又无力把沙子吐出去，所以蚌面临两个选择，一是抱怨，让自己的日子很不好过，另一个是想办法把这粒沙子同化，使它跟自己和平共处。于是蚌开始把它的精力营养分一部分去把沙子包起来。"当沙子裹上蚌的外衣时，蚌就觉得它是自己的一部分，不再是异物了。沙子裹上了蚌成分越多，蚌越把它当作自己，越能心平气和地和沙子相处。"

母亲启发她道：蚌并没有大脑，它是无脊椎动物，在演化的层次上很低，但是连一个没有大脑的低等动物都知道要想办法去适应一个自己无法改变的事实，把一个令自己不愉快的异物，转变为可以忍受的自己的一部分，人的智能怎么会连蚌都不如呢？

尼布尔有一句有名的祈祷词说："上帝，请赐给我们胸襟和雅量，让我们平心静气地去接受不可改变的事情；请赐给我们勇气，去改变可以改变的事情；请赐给我们智能，去区分什么是可以改变的，什么是不可以改变的。"

如同这位哲人所祈求的那样，下面这个故事的女主角瑟玛·汤普森，一个无意间成为作家的女性，证明了适应困境并利用它所能享受的

快乐和自豪。

"在战时,"她说起她的经验,"我先生驻守在加州莫嘉佛沙漠附近的陆军训练营中。我为了能和他接近一点,也搬到那里去住,我很讨厌那个地方,简直是深恶痛绝。我从来没有那样苦恼过,我先生被派到莫嘉佛沙漠去出差,我一个人留在一间小小的砖屋里,那里热得叫人受不了——即使是在大仙人掌的阴影下,也还有华氏125度的高温。除了墨西哥人和印第安人之外,没有人可以和你谈话,而那些人又不会说英语。风不停地吹着,到处都是沙子!

"我当时真是难过极了,写了一封信给我的父母,告诉他们我的苦处,要回家。我说我连一分钟也待不下去了。父亲回信了,只有两行字,但这两行字却在我生命中起了无比重要的作用,你无法想像,它改变了我的一生。

"'两个人从监狱的铁栏里往外看,一个看见烂泥,另一个却看见了星星'。

"我把这两行字念了一遍又一遍,自己觉得非常惭愧。我下定了决心,一定要找出在当时的情形之下还有什么好的地方。我要去发现那些星星。

我和当地的人交上了朋友,他们的反应令我十分惊奇。当我表示对他们所织的布和所做的陶器感兴趣的时候,他们就把那些不肯卖给观光游客的东西送给我作礼物。

"是什么使我产生这样惊人的改变呢?莫嘉佛沙漠丝毫没有改变,那些印第安人也没有改变,可是我变了,我改变了我的态度。在这种变化之下,我把一些令人颓丧的境遇变成我生命中最刺激的冒险。我所发现的这个崭新变化使我感动,也使我兴奋,我高兴得为此写了一本书——一本名叫《光明的城垒》的小说……我从自己设下的监狱往外望,我找到了星星。我也找到了自我存在的意义和生活的真正含义。"

蚌适应接受沙粒的结果，是把它变成了美丽的珍珠；瑟玛·汤普森女士，她的积极的适应，不但为自己的生活带来了乐趣，也带来了上帝赐予的意外惊喜。如果把困境比作监狱，我们从铁栅栏里往外望，悲观和抵触的情绪将使我们看到烂泥，而换一种心态，换一种途径，将会看到美丽的星星。

调整心态，把握命运

西方心理学家说：你的心态是什么样子，你的生活就会成为什么样子，如果你希望把握自己的命运，那么就从调整心态做起。

即使是困难重重的问题，只要以弹性的方法看待事物，也可以找到解决的办法。用弹性的方法看待事物，实际上就是尽量采取不抗拒的态度去行事或面对困难。因为"抗拒"往往会引起机械学上所谓的"摩擦"，而机械学上对于摩擦的建议是，克服它或减弱它的程度；消极心态与摩擦十分类似，所以消极主义到最后终究会发展成相当大的阻力。

积极的做法是绝对重要的且必需的。一位曾在创业阶段屡遭困境的一位企业家讲述了他如何以自己特有的克服之道，获得无限动力的故事。

据他表示，当初他所遭遇到的难题即使事实上只是小小的困难，但往往会发展成看来似乎已无法克服的障碍。不过后来他发现，原来自己存有失败主义者的意识，因此往往疏于察觉造成障碍的真相，而障碍实际上并没有想像中的那般困难重重。

至于他在心态方面所采用的方法，说来十分简易，但是对于他的事业却产生了显著的影响。这个方法就是在办公桌上摆上一个箱子，然后将写有"保持积极心态，一切都有可能"的标志贴于箱上，每当发生难题，或者他的失败主义思想又开始作祟时，他便把有关难题的文件或书面资料投到此箱中。等一两天之后，再把这些文件取出，此时奇妙的事情发生了。据他形容："当我取出箱中这些文件时，任何难题看来一点也不觉得困难了。"

在困难面前，聪明的人会这样去做：在困难的周围巡绕，看看有没有克服的办法。如果这个办法行不通就找下一个，总会有解决的办法等待着我们去发现，而且我们也应该相信，"困境"也会给予我们额外的馈赠，因为我们正在一条与众不同的途径上向更圆满的人生迈进，无疑会看到与众不同的风景。

积极乐观的信仰与观念带领他走出怀疑的阴影，并在他的内心赋予足以克服一切困难的充分力量。面对人生的困境时，首先想到的是悲观、不幸、绝望，这是人之常情，但是最美的彩虹应该在风雨之后，要相信这一点。

约翰毕业于上海外语学院英语系，在中国国际旅行社干了几年导游，觉得没劲，就辞职下海到布达佩斯做起了生意。

在古老的布达佩斯，欧式的建筑和不同的肤色挥洒着迷人的异国情调。秋天，凉风习习，黄叶铺地，景致优雅而安详。在蓝色的多瑙河边，就连赌场都建造得富丽堂皇。在其中的一家赌场里，约翰刚进赌场就迫不及待地钻进了人群，他希望自己能够一夜暴富，但幸运之神显然不愿帮助他，不一会儿，他就输了四千。但他不甘心，便向朋友借了两千，可是还不到一刻钟，他就再次败下阵来，但他仍不甘心决定作最后一搏，这时的他内心充满欲望和妄想，他试图报一箭之仇。于是把自己的最后一点家当都抵押进去。结果，他还是输了。其实，他到布达佩斯时是中国人里面最富的，他带了3万美金，而有许多中国人仅带了几千，甚至是几百美金。然而，几年过后，许多中国人都腰缠万贯了，他

却成了穷光蛋。

由于受到不劳而获的不良心态影响，约翰把自己的生活变成了一场灾难。可见，不良的心态确实会给人带来致命的影响。而另一方面，好的心态却可能帮你掌控自己的人生。

有一位日本武士，叫信长。有一次面对实力比他的军队强十倍的敌人，他决心打胜这场硬仗，但他的部下却表示怀疑。

信长在带队前进的途中让大家在一座神社前停下。他对部下说："让我们在神面前投硬币问卜。如果正面朝上，就表示我们会赢，否则就是输，我们就撤退。"部下赞同了信长的提议。

信长进入神社，默默祷告了一会儿，然后当着众人的面投下一枚硬币。大家都睁大了眼睛看——正面朝上！大家欢呼起来，人人充满勇气和信心，恨不能马上就投入战斗。

最后，他们大获全胜。一位部下说："感谢神的帮助。"

信长说道："是你们自己打赢了。"他拿出那枚问卜的硬币，硬币的两面都是正面！

这个故事告诉我们，你的命运不是神在指引，而是由你的心态决定的。假如，你总处于消极状态，那你的命运也将一直处在昏沉状态。就像这些部下在怀疑自己能否打赢一场战争一样。如果不是那枚两面都是正面的硬币给了他们信心，那场战争必定以失败而告终，命运之神告诉你："只有你自己确信自己有好运，好运才会降临。"

良好的心态对每个人来说都是非常重要的，心态决定你的行为，而行为又会直接决定你的命运。因此，一定要把心态的修炼提升到一个至高的位置，把好心态贯彻到人生旅途中，把命运握在自己的手中。

参考文献

[1] 尹祥智. 拓展你的圈子\[M\]. 北京：北京工业大学出版社, 2006

[2] 辉浩. 有一种境界叫放下, 有一种心态叫舍得\[M\]. 北京：中国商业出版社, 2009

[3] 彦博. 少走弯路的10个忠告\[M\]. 北京：中国商业出版社, 2008

[4] 古古, 范飞. 穷人创业经：穷人创业不可或缺的三大智慧\[M\]. 桂林：漓江出版社, 2008

[5] 刘屹松. 说话办事大全\[M\]. 内蒙古：内蒙古文化出版社, 2009

[6] 宿春礼, 周韶梅. 责任胜于能力\[M\]. 北京：石油工业出版社, 2006

[7] 冀衡. 挑战人性的弱点\[M\]. 北京：中国商业出版社, 2004

[8] 梁万里. 做事先做人\[M\]. 北京：中国商业出版社, 2001